AF523957

Frau Haselin und Drecksäck

Postfach 121111 | 10605 Berlin
www.transit-verlag.de

Umschlaggestaltung unter Verwendung zweier Pflanzenzeichnungen (siehe Bildquellenverzeichnis) und Layout: Gudrun Fröba
Druck und Bindung, CPI Group Deutschland
ISBN 978 3 88747 337 2

Rosemarie Gebauer

Frau Haselin und Drecksäck

Die wunderbare Welt
unserer Bäume und Sträucher

: TRANSIT

Inhalt

Vorwort

Frau Haselin unterhält sich mit dem Mädchen, welches zum Tanz geht; aus harten Kerlen sind weichliche Drecksäck geworden; im dichten Weißdorngebüsch ist Merlin, der Zauberer, versteckt; die Zwerge haben ihren Beobachtungsposten auf dem Ahorn eingenommen; die Pyramidenpappeln haben als Lange Kerls die Straßenränder geschmückt; ein blinder Hödur erschlägt seinen geliebten Bruder mit einem Mistelzweig; die Vogelbeere ist der Lieblingsbaum einer Schriftstellerin, weil so viele Vögel deren rote Früchte mögen; Honeysuckle umwindet als Jelängerjelieber einen Haselstecken, wie Isolde ihren geliebten Tristan.

Unsere Bäume und Sträucher führen uns in die wunderbare Welt der Schriftsteller, Märchen und Maler. Mit ihren alten Namen führen sie uns in die Welt unserer Ahnen, als Mägdepalm, Hundsärsch, Frau Ellhorn und Yggdrasil.

Mit ihrer Architektur, ihren Blättern, von denen keines dem anderen gleicht, mit ihren Tausenden von Blüten und Früchten, mit ihrem unglaublichen Vermögen, mit Hilfe ihrer grünen Blätter die Sonnenenergie zu nutzen und Jahrhunderte und Jahrtausende zu leben, den kältesten Frost und stärksten Stürmen zu widerstehen, sind unsere Bäume und Sträucher ein Gesamtkunstwerk. Sie laden uns ein, ihre wunderbare Welt zu entdecken, zu staunen und zu schätzen. Das ganze Jahr über. Das haben unsere Gehölze, wie Bäume und Sträucher auch genannt werden, unseren Stauden und Kräutern voraus. Sie begleiten uns von der Kindheit bis ins hohe Alter, vom Frühling bis in den Winter. Sie sind verlässliche Partner und Brüder, mit denen wir reden und denen wir uns anvertrauen können.

Das einzige, was wir brauchen, ist Muße und der Wille, uns mit den Bäumen vertraut zu machen, sie zu beobachten und zu versuchen, ihren vielen botanischen Geheimnissen auf die Spur zu kommen. Wenn wir ihren Namen kennen und ihre Geheimnisse entdecken, werden wir sie umso mehr schätzen. Wir werden unsere Vorfahren verstehen, die ihnen diese phantasievollen, meist treffenden Namen gaben.

Unseren Dichtern und Literaten danken wir, dass sie durch die Jahrhunderte hindurch die Bäume für uns grünen, blühen und wachsen ließen. Sie regten uns zum Staunen an, wie es Johann Wolfgang von

Goethe und Hermann Hesse taten. Goethe fasste eine seiner Lebensweisheiten in die Zeile »Zum Erstaunen bin ich da«.

Was ist ein Baum? Was ist ein Strauch? Das ist einfach zu erklären. Einen Baum kann man umarmen, einen Strauch eher nicht. Botanisch heißt es, der Baum habe eine durchgehende Hauptachse, der Strauch nicht. So halten sich auch die meisten Gehölze daran. Aber es gibt Ausnahmen, je nachdem, wer der Gärtner ist und mal hier, mal dort etwas stutzt, den Baum »erzieht« und seine Schönheiten so richtig zur Geltung bringen will. Sowohl bei Bäumen wie bei Sträuchern haben wir in diesem Band die Nutzpflanzen nicht aufgenommen, sie werden in einem weiteren Buch präsentiert.

Kein Baum ist wie der andere, der eine schlägt früh aus, der andere spät. Der eine verfügt über große Blätter, der andere über sehr kleine. Der eine wird tausend Jahre, der andere gerade mal hundert. Sie unterscheiden sich alle. Für uns ist dies ein Glück, können doch auch wir sie anhand von »Merkmalen« unterscheiden. Das ganze Jahr über stehen sie für ihre Besucher bereit. Als Standort ihres Waldorchesters, so wie Heinrich Heine es sah, als Schlafplatz für den müden Wanderer, als Nahrungsquelle und Nistplatz für zahlreiche Vogelarten, als Schutzraum für Tag- und Nachtvögel.

Erfreuen können wir uns fast ein ganzes Jahr an den Bäumen, zunächst an den ersten grünen Blättchen bis zu dem Baum, den »der milde Herbst zu neuer Herrlichkeit geschmückt« hat, wie Hermann Hesse schrieb.

Jahraus, jahrein können wir die wunderbare Welt unserer Bäume und Sträucher genießen.

Acer spec.

Ahorn
Massholder

Acer platanoides

Spitzahorn

Der Ahorn wird besonders im Herbst bewundert, wenn seine Blätter sich von Grün über Gelb bis zum schönsten Rot färben. Die buntesten Kleider tragen Spitzahorn, Japanischer Ahorn und der Zuckerahorn. In unseren Gärten und Parks werden außerdem noch Bergahorn, Feldahorn und Silberahorn gepflanzt. Der Eschenahorn benötigt keine Anpflanzung, er erledigt dies selber und muss daher im Zaum gehalten werden. Um alle Ahornarten auseinander halten zu können, ist ein gutes Auge angesagt und ein Baum-Bestimmungsbuch.

Erkennbar als Baum aus der Gattung Ahorn ist er dagegen relativ leicht. Zum einen stehen sich seine Blätter an einem Zweig immer gegenüber, sind »gegenständig«. »Nasen«, das sind die Früchte, werden von allen Ahornarten gebildet. Sie unterscheiden sich jedoch von Art zu Art durch ihre unterschiedlichen Größen und Winkel. Auf die eigene Nase platziert, können sie gute Laune verbreiten. Das tun sie auch, wenn man sie zum Beispiel von einer Brücke aus dem Wind überlässt. Schaut man ihnen hinterher, weiß man, warum sie »Schraubendreher« heißen.

Einige der »Nasenbäume« blühen sogar schon im Februar, wie der Silberahorn, *Acer saccharium*. Er wird so genannt, weil seine Blattunterseiten silbrig scheinen und weil sein Rindensaft sehr zuckerhaltig ist, wenn auch nicht so sehr wie beim Zuckerahorn, *Acer saccharum*. Die Blüten der meisten Ahornarten fallen zunächst nicht auf, sind sie doch klein und unscheinbar. Auf Farben und Düfte verzichten sie; so etwas brauchen sie nicht, werden ihre Pollen doch nicht von Farben und Duft liebenden Insekten, sondern vom Wind verbreitet.

Blatt und Frucht: Links: Bergahorn. Rechts: Spitzahorn

Eine Ausnahme dabei ist der schöne Bergahorn mit den oft rötlich gefärbten langen Blattstielen, der auffälligen Rinde und den nicht so stark zugespitzten Blattlappen, wie der Spitzahorn sie hat. Der Bergahorn hat lang herunter hängende zwittrige, gelbgrüne und duftende Blütenstände, welche von Insekten bestäubt werden.

Der botanische Name *Acer* bedeutet soviel wie »scharf, spitz«, weshalb der Spitzahorn, *Acer platanoides,* mit den spitzigsten Blattlappen auch so heißt. Wenn der Spitzahorn neben dem Bergahorn, *Acer pseudoplatanus,* steht, sind die unterschiedlichen Blattmerkmale gut zu erkennen. Das Artepitheton verweist bei beiden botanischen Namen auf Blätter, die denen der Platanen ähnlich sind. Weshalb es auch eine Ahornblättrige Platane, *Platanus x acerifolia,* gibt (um das Unterscheiden nicht so leicht zu gestalten).

Bergahorn mit Blatt, Blütenstand und Frucht

Beim Feldahorn, *Acer campestre,* ist es eindeutiger. Da wird im Epitheton auf *campestre,* das Feld, verwiesen. Der Feldahorn ist gut zu bestimmen: er hat von allen Ahörnern die kleinsten Blätter mit nur drei Lappen, deren Spitzen eher abgerundet sind. So können wir ihn daher auch »Ahörnchen« nennen. Der Feldahorn eignet sich als Heckenpflanze. Darf er auswachsen, wird ein niedliches Bäumchen aus ihm, ähnlich dem Holunder, worauf der Name »Maßholder« Bezug nimmt.

Es gäbe noch vieles über die Ahornarten zu berichten, auch über jene, die aus fernen Ländern zu uns gelangten. Dazu gehören der ausbreitungswütige Eschenahorn und der Silberahorn, beide aus Nordamerika, sowie der bei uns seltener angepflanzte Zuckerahorn, *Acer saccharum*, dessen herbstliches blutrotes Blatt die Flagge Kanadas schmückt, den Ahornsirup liefert und daher »Sugar maple« genannt wird.

Auch die Literatur beschäftigt sich mit dem Ahorn. Eine Geschichte handelt von einer Jungfrau, die von ihrer Mutter in einen Ahorn verwandelt wurde. Dann passierte das, wovon auch die mediterranen Mythen handeln: Wurde ein Baum abgehauen oder verletzt, strömte aus ihm Blut, das Blut der Baumnymphen. Hier ist es das Blut eines verwandelten Mädchens: »Ein vaterloses Mädchen liebte einen Soldaten. Weil aber die Mutter hierüber erbost war, verwandelte sie das Mädchen durch ihren Fluch in einen Ahorn. Als sich ein Spielmann von dem Baum einen Zweig für einen Bogen abschnitt, quoll Blut heraus, und eine Stimme sprach: ›Mein Blut ist versöhnet, schneide dir einen Bogen und spiele mir mit demselben ein Grablied. Dann gehe zu meiner Mutter und geige ihr ein Stücklein und sage, dass der Bogen von ihrem Kinde sei.‹ Als die Mutter das wundersame Spiel mit diesem Bogen hörte, wurde sie gerührt und versöhnt. Sie verzieh ihrem Kind, und dieses fand nun Ruhe.« (Nach Reling & Bohnhorst: 37f).

Vielleicht denken Sie jetzt an den Blutahorn, eine Variation des Spitzahorns. Sein Blattgrün ist von Anthocyanen überlagert. Besonders wenn die Sonne scheint, leuchtet sein Laubdach wunderschön.

Nicht Nasen, sondern »Sarazenensäbel« sah der Dichter Wilhelm Lehmann (1882-1968) in den Ahornfrüchten. In seinem gleichnamigen Gedicht aus dem September 1933, das er dem Freund und Lyriker Oskar Loerke widmete, sieht er die Nasen als unblutige Schwerter im schönsten Glanz:

Gleich Sarazenensäbeln hängen
Die Ahornfrüchte bündeldicht.
Still ist es in der Waffenkammer,
Das Weltgeschrei bewegt sie nicht. (...)
Sie glänzen grün und kupferrot. Von ihrer Klinge raucht
Kein Blut. Im Schlaf sich rührend, unverbraucht,
Die Schwerter sie des Dichters nur.

Aesculus hippocastanum

Rosskastanie

Wie kommt das Ross zur Kastanie? Was haben die beiden miteinander zu tun? Nicht nur im volkstümlichen Namen kommen beide Begriffe vor, sondern auch im botanischen Namen *Aesculus hippocastanum*; »hippos«, das Pferd, »castanum«, von Esskastanie, *Castanea sativa*. Früher wurde die Rosskastanie auch *Castanea equina* genannt. Letzteres hat damit zu tun, dass sich der Same der Rosskastanie und die Frucht der Esskastanie so ähnlich sehen. Doch was der einen der Same, ist der anderen die Frucht ...

Ein Ross musste schon damals etwas zum Beißen haben; man gab ihm die Rosskastanien in den Futtertrog. Das ist die eine Erklärung. Die andere ist, dass die Samen der Rosskastanie ein Mittel gegen den Pferdehusten gewesen sein sollen. Noch eine weitere Erklärung für den Namen gibt es. Die Pferde seien mit einem Brei aus den Samen zwecks besserer Durchblutung eingerieben worden. Die vierte Erklärung ist für alle Neugierigen wunderbar nachvollziehbar. Auf den Zweigen sind »Hufeisen« mit Nägeln erkennbar!

Es sind natürlich keine richtigen Hufeisen! Dazu sind sie zu klein. Aber aussehen tun sie so. Bevor wir die Hufeisen zu sehen bekommen, waren hier die Blätter. Nachdem diese abfielen, blieben ihre hufeisenförmigen Narben zurück. Die »Nägel« waren vormals die Versorgungsleitbahnen für die Photosyntheseprodukte Zucker und für das Wasser aus den Wurzeln.

Im Winter sind die Knospen besonders gut vor Frost geschützt, denn die dicken, derben, braunen Knospenschuppen scheinen wie miteinander verklebt, das fühlt man, wenn man sie berührt. Der kalte Wind kann so den darunter liegenden Blüten- bzw. Blattknospen nichts anhaben.

Wenn die jungen Blätter erscheinen, hängen sie erst einmal schlapp herunter. Das ist gut so. Das Herunterhängen sorgt dafür, dass der Wind nicht zu sehr das Wasser durch die Spaltöffnungen an der Blattunterseite entziehen kann. Auch wird durch diese Hängeposition die manchmal starke Frühlingssonne daran gehindert, in einem ungünstigen Winkel auf das zarte Grün zu treffen. So wird der Transpirationssog gemindert.

Die Blütenstände – man nennt sie auch »Kerzen« – schmücken in großer Fülle den Baum wie mit einem Frühlingskleid. Die Blüte ist weiß, aber nicht ganz. Ein gelbes Saftmal lockt Bestäuber heran. Während die sich beköstigen, bestäuben sie nebenbei die Blüten. Wenn alles getan ist, schwupp – die gelbe Farbe verwandelt sich in rote! Dem nächsten Insektenbesucher wird so signalisiert, dass es in dieser Blüte nichts mehr zu holen gibt; sie hatte bereits Besuch. Solche Pflanzen, welche ihre Blütenfarbe ändern, werden »Ampelpflanzen« genannt; hier wird von Gelb auf Rot geschaltet. So werden sie unter einer Rosskastanie auch nur Blüten mit roten Saftmalen entdecken, es sei denn, ein Sturm hat so lange gerüttelt, bis auch noch unbestäubte Blüten mit gelbem Saftmal herunter fielen.

Gleich nach der Bestäubung und Befruchtung bilden sich die winzigen stacheligen Früchtchen heraus. Doch nicht aus jeder Blüte! »Nicht jede Blüte wird zur Frucht«, meinte Hermann Hesse. Ob er die Rosskastanie dabei im Blick hatte? Jeder Baum muss haushalten. Aus allen Blüten Früchte zu machen, das wäre zuviel für einen Baum mit solch dicken Samen. Wenn sich Fruchtansatz zeigt, wird das Früchtchen bis zur vollen Reife »durchgefüttert« oder auch nicht. Dann hat sich der Baum »vertan« und kleine Früchtchen haben nun ihren Platz nicht mehr auf dem Baum, sondern unter ihm.

Die stachelige grüne Frucht, welche ausreifen darf, lässt beim Herunterfallen die Fruchtschale aufplatzen, was den Samen entlässt. Die ersten Samen sollten zwecks Gichtvermeidung sofort in unsere Jackentasche wandern. Glatt und in umschmeichelbarer Größe passt sich solch ein Same der Handfläche an. Nun kann auch das folgende Rätsel sofort gelöst werden: »Groß wie ein Haus, klein wie eine Maus, stachlig wie ein Igel, glatt wie ein Spiegel.«

Die Frucht ist eine Kapsel und hat eigentlich 3 Fächer. Das kann man heraus bekommen, wenn man sich den inneren Teil der Schale anschaut. Nun erkennt man auch die samtweiche weiße Hülle, mit der ein Same umgeben war. Welch eine bequeme Wiege! Doch meist nur für einen Samen. In der Hülle entdecken wir zwei kleine braune Stellen. Das sind zwei Samenanlagen, die aber nicht durchgefüttert wurden.

Jeder Same hat eine individuelle wunderschöne, braunrote Maserung. Auch fällt uns an ihm ein großer weißer Fleck auf. Der hat ungefähr in seiner Mitte eine kleine schwarze Stelle. Hier befand sich der »Nabel«, durch den der Baum sein Kind ernährte. Der weiße Fleck wird »Hilum« genannt; mit dem saß die Rosskastanie in der Fruchtschale, in der wir auch die Abdruckstelle erkennen können.

Ein Experiment: An einer Stelle des Samens gibt es eine sichtbare und fühlbare Vorwölbung. Wenn wir an dieser Stelle die Samenschale vorsichtig entfernen, entdecken wir ein grünweißliches längliches Gebilde. Das ist das Würzelchen! Wir haben ja einen Embryo vor uns, der schon alles hat, was eine richtige Pflanze ausmacht: Spross, Wurzel und Blatt. Die beiden Keimblätter nehmen den größten Raum ein. Die Wurzel muss zuerst hinaus, um aus der Erde den ersten Schluck Wasser aufzunehmen! Beobachten Sie, wenn es soweit ist und die Wurzel aus der geplatzten Samenschale herausguckt und genau weiß, wo die Erde ist. Dahin biegt sie sich! Auch der kleine Spross ist schon da, muss allerdings noch ein wenig warten, bis er sich entfalten und Blättchen treiben kann.

Die Rosskastanie war schon in der Antike als Heilpflanze bekannt, nicht nur bei Pferdekrankheiten. Das hat ihr wohl zum Namen des Gottes der Heilkunde in der Mythologie verholfen *Aesculus*. Der Äskulapstab, umwunden mit einer Schlange, ist noch heute das Symbol des ärztlichen Standes. Als Amulett wurde der Same am Halsband getragen, um den Träger vor Krankheiten zu schützen,

Asklepios, Gott der Heilkunst. Statue im Vatikan

z.B. gegen Schlagfluss (Schlaganfall), Ausschlag, Fieber, Schwindel, Zahnschmerzen und vor Hämorrhoiden.

Seit Ende der achtziger Jahre macht die Miniermotte (*Cameraria ohridella*) unseren Rosskastanien das Leben schwer und bringt sie zu früh dazu, ihr Laub abzuwerfen. Erst einmal hilft nicht mehr, als dafür zu sorgen, dass die geschädigten und abgefallenen Blätter in Müllsäcke verstaut und zur örtlichen Abfallentsorgung gebracht werden. Kein Blatt darf liegen bleiben, weil sich darin im nächsten Frühling wieder die Schädlinge entwickeln können. Wenn das Problem nicht gelöst wird, »verhungern« bald viele Bäume, da die früh abfallenden Blätter keine Photosynthese mehr machen können und dem Baum so die Energie zum Leben fehlt.

Nachgepflanzt wird heutzutage meist *Aesculus x carnea*, die Rotblühende Rosskastanie, eine Kreuzung aus *A. hippocastanum* und *A. pavia* aus dem Südosten der USA.

Alnus spec.

Erle
Frau Else
Holzschuhbaum

Alnus glutinosa
Schwarzerle

Sag mir, wo dein Standort ist und ich sage dir, ob die Menschen dich lieben. Die Erle ist an einem Standort zuhause, der von den meisten Menschen gemieden wird. Es sind feuchte bis nasse Orte, wo Erlen wachsen, wo sonst kein Baum mehr zuhause sein mag. Sie bewältigt auch noch andere Dinge, die andere Bäume nicht schaffen, ohne sich selbst zu schädigen. Die Erle kann grüne Blätter abwerfen, ohne dass ihr dies viel ausmacht. Das kann sie, weil sie mit Wurzelknöllchen ausgestattet ist. Die sichern ausreichende Stickstoffzufuhr. Mit den Füßen im Wasser stehen, ist auch nicht so jedes Baumes Sache. Die Erle kann es. Sie wächst in Bruchwäldern und Auwäldern, die ständig oder zeitweise unter Wasser stehen. Sie steht an Uferrändern und schützt diese gegen Ausspülung.

Doch wenn wir »Erle« hören, denken wir zuerst an den Erlkönig und seine Töchter und nicht an ihre ökologischen Wundereinrichtungen und Verdienste. Und doch hängt beides zusammen. Da, wo sich sonst kaum jemand hintraut, ist der Erlkönig, auch Erlenkönig, auch Elbenkönig zuhause. Der hockt in den Blättern der Erle und wartet auf den Vater mit seinem Kind, der laut Johann Wolfgang von Goethe hier vorüber reitet.

Der Erlkönig ist hier nicht allein anzutreffen; es gibt noch andere Nachtgeister, welche Vorübergehende zu locken verstehen, besonders nachts. Das ist die Zeit für Irrwische, welche die armen Wanderer in Sümpfe und Moore führen, um dort ihr Unwesen zu treiben. »Er ist beim lieben Gott im Erlenbruch«, so heißt es, wenn jemand im »Seelenland« angekommen ist. In dieser Redensart ist auch das Fortleben der Seele in Bäumen bewahrt.

Nun sind wir auch bei den Frauen angekommen, bei der »Else«, auch »Erlenfrau«, die im »Elsenbruch« wohnt, das ist da, wo Erlen im Was-

Der Erlkönig und seine Töchter, Moritz von Schwind, um 1860

ser stehen. Im ehrwürdigen Geisterbaum verhilft die »Elle« zu Lebenskraft; sie soll sogar Tote zum Leben erweckt haben. Wird solch eine Erle umgehauen, klagt und blutet sie wie ein Mensch. Und rot, eher orangerot ist das Holz gefärbt. Diese Farbe beim Holz war so wenig geschätzt wie rotes Haar beim Menschen. Ein altes Sprichwort lautet »Erlenholz und rotes Haar sind auf gutem Boden rar«. Doch nicht nur rote Haare, auch rote, entzündete Augen waren Ziel des Spottes, zumindest im Siebengebirge. Rote Augen waren wie die Fensterrahmen aus Erlenholz: »Die hat ierle Fensterrahme«.

Wassersucher lobten jedoch gerade dieses Holz, nicht weil es rot, sondern weil es aus der Luft Wasser anziehen soll. Und erst die Holzschuhmacher! Besonders in Norddeutschland war der Holschenbaum, der Holzschuhbaum, geschätzt.

Das wurde der Baum auch wegen seiner Blätter, die, wenn sie jung sind, klebrig sind und Flöhe daran hängen bleiben. Die mögen das natürlich überhaupt nicht, wie Johann Fischart in seiner »Flöhhatz« im Jahre 1573 in Reime fasste, in denen er einen Floh von den Verfolgungen durch die Menschen erzählen lässt:

»Denn auch die Kammer war besprengt
Und Igelschmalz daran gehängt
Und auch viel junge Erlenzweige,
dass Trug der Flohschar man erzeige.«

Schon Konrad von Megenberg (1304-1374) hatte zweihundert Jahr zuvor auf die »Flöhhatz« in seinem »Buch der Natur« hingewiesen: »die erlenpleter habent die art, wo man sie sträut in ein kammer, da toetent sie die floeh.« (Nach Nießen 1936)

Die Erle ist also ein Baum, gefürchtet von nächtlichen Reitern und Flöhen rund um die Uhr, sehr geschätzt von Ökologen (neuerdings auch von Möbeltischlern, gerade wegen der rötlichen Färbung) und Freunden von Gruselgeschichten.

Albert Sterner (1863-1946), Der Erlkönig, 1910

Der Ausdruck *Erlkönig* wurde von Herder 1778 in die Literatur eingeführt, als er die dänische Volksballade »Herr Oluf« ins Deutsche übersetzte. Dabei hat er das dänische Wort Ellerkonge für Elfenkönig als Erlkönig übersetzt: der junge Oluf, der auf dem Weg zu seiner Hochzeit ist. Während der nächtlichen Wanderung begegnet er der Tochter des Elfenkönigs, die ihn zum Tanz auffordert. Er lehnt ab, worauf ihn das Mädchen von sich stößt. Am nächsten Morgen wird er von seiner Braut tot aufgefunden.

Schön ist auch, dass mit der Ankunft des Kuckucks sich die Erlen belauben: »Der Kuckuck röpt nit ehder, bös hä Elsenloof gefiehn hat«.

Aristolochia macrophylla

Grossblättrige Pfeifenwinde

Das Besondere an dieser Pflanze sind die eigenwillig geformten Blüten, die wie Pfeifen aussehen, und die Früchte, welche Geldrollen gleichen. Im Namen finden wir die »Winde« und die großen Blätter. Die Pflanze hat ihre Heimat nicht bei uns, sondern ist aus den Vereinigten Staaten von Amerika zu uns gekommen, und verwandelt unsere Pergolen in dichte, grüne Laubhütten. So groß ihre *macrophylla*, ihre Blätter sind – sie können bis dreißig Zentimeter lang werden –, so klein sind ihre fleischfarbenen Blüten. Nach denen können wir uns Anfang Sommer in dem dichten Laubwerk auf die Suche machen. Die Blüten passen größenmäßig eigentlich gar nicht zu den großen Blättern. Sie sind nur zirka vier Zentimeter lang, aber extravagant in Farbe und Geruch für den Insektenbesuch angerichtet. Sie weist die Form einer alten Pfeife auf, weswegen der Pflanze Namen wie »Pfeifenwinde« oder »Meerschaumpfeife« verpasst wurden.

Besonders gut riechen die Blüten nicht. Sie stinken eher – nach verfaulendem Fleisch! Das mag uns nicht gefallen, aber Fliegen stehen drauf. Sie werden von der stinkenden und fleischfarbenen Pfeife angelockt, schlüpfen durch die kleine runde Blütenöffnung und nehmen – ohne es zu wissen – während ihrer Mahlzeit die Bestäubung vor. Nein, gefressen werden sie hier nicht. Verspeist werden die Insekten nur bei den Fleisch fressenden Pflanzen (Insektivoren), welche ihre Blätter, nicht ihre Blüten, sehr einfallsreich auf Insektenbesuch und Insektenfang angerichtet haben. Bei der Pfeifenwinde soll bestäubt werden! Vielleicht öffnen Sie einmal eine der vielen blühenden Pfeifen bis auf den Grund. Hier warten Staubblätter und Narben auf die nach Fleisch suchenden Insekten.

Die vielen bis zwanzig Meter langen Zweige bringen uns zum Erstaunen, muss doch das Wasser aus der Erde einen beträchtlichen Weg durch die relativ dünnen Zweige zurücklegen, um auch in die entferntesten Blatt- und Blütenzellen zu gelangen. Jede Zelle benötigt Wasser. Dabei hat das Wasser keinen geraden Weg, sondern fließt durch die sich windenden Zweige mal links herum, mal rechts herum. Und die Zweige wissen immer, in welche Richtung sie sich zu winden haben. Wir haben es also mit einer klugen Winde mit großen Blättern, kleinen Pfeifen und interessanten Früchten zu tun!

Im Herbst lohnt ein Blick auf und in die reife Frucht. Von Pfeifen ist nun an der Winde nichts mehr zu sehen; die haben ihre Aufgabe erfüllt, sind welk geworden und abgefallen. Übrig geblieben ist der Fruchtknoten, der nun an die zehn Zentimeter heran gewachsen ist und nun »Frucht« heißt. Die ist zunächst grün, wird bei der Reife braun und platzt an den Stellen auf, wo sich die Verwachsungsnähte der sechs miteinander verwachsenden Fruchtblätter befinden. Das ist die Zeit, die Frucht vorsichtig zu öffnen und sich faszinieren zu lassen: Wie Taler liegen zahlreiche einzelne dreieckige Samen säuberlich übereinander gestapelt, wie Geldrollen. Einfach unglaublich! Aus der Pfeifen tragenden Pflanze ist nun eine mit Geldrollen geworden, eine Geldrollenwinde!

Berberis vulgaris

Gewöhnliche Berberitze
Gemeiner Sauerdorn
Dreidorn
Erbseleholz

»Gemeiner Sauerdorn«! »Dreidorn«! Diese Namen für unsere Berberitze hören sich nicht so verführerisch an. Sauer, gemein und dann noch dornig! Wer mag so etwas? Das Erbseleholz dagegen macht neugierig. Wer durch das »Saure« lustig werden möchte, der esse die Erbsele. Die sind sauer und gesund. Aus ihnen kann ein Erfrischungsgetränk hergestellt werden, aber auch eine »gute Sulz«. Der Berberitzensaft ist reich an organischen Pflanzensäuren, wie Apfel- und Zitronensäure, und gut für Salate.

Um die leuchtend roten Früchte zu ernten, muss man allerdings erst einmal am Dreidorn, an den sehr harten und zu stechenden Dornen umgestalteten Blättern, vorbei. Das kann wehtun. Meist sind es drei Dornen, im oberen Bereich des Strauches sticht nur ein Dorn. Dornen sind – im Unterschied zu Stacheln – umgewandelte Pflanzenorgane. Daher sind sie auch sehr fest am Stängel und können nicht so leicht wie die Stacheln (!) am Rosenstängel abgeknickt werden.

Eine Berberitzenhecke gefällt besonders im Herbst. Dann schmückt sie sich mit glänzenden, leuchtend roten Früchten und bunt gefärbten Blättern. Die Lyrikerin Agnes Miegel setzt dem Herbst einen Kranz aus Berberitzen auf den Kopf:

Frühherbst

Die Stirn bekränzt mit roten Berberitzen
Steht nun der Herbst im Stoppelfeld,
In klarer Luft die weißen Fäden blitzen,
In Gold und Purpur glüht die Welt. (...)

Ein reifer roter Apfel fällt zur Erde,
Ein später Falter sich darüber wiegt –
Ich fühle, wie ich still und ruhig werde
und dieses Jahres Gram verfliegt.

Zuvor im Mai und Juni hat die Berberitze ihre leuchtend gelben und intensiv duftenden Blüten in die Luft gestreckt. Bis an die dreißig einzelne Blüten sind in einem traubigen Blütenstand vereinigt.

Zu diesem Zeitpunkt ist ein Experiment für Sie angesagt, mit dem Titel: »Und sie bewegen sich doch«. Gemeint sind die Staubblätter. Wenn Sie diese Pollen tragenden gelben Gebilde berühren, legen sich diese dem Griffel an. Bitte folgendes anschauen und danach das Experiment durchführen:

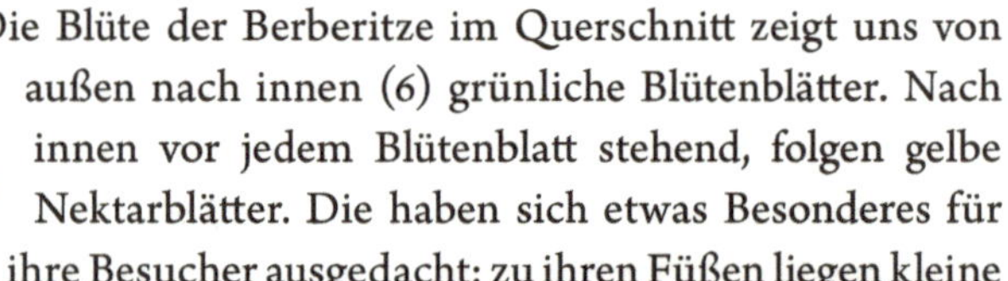

Die Blüte der Berberitze im Querschnitt zeigt uns von außen nach innen (6) grünliche Blütenblätter. Nach innen vor jedem Blütenblatt stehend, folgen gelbe Nektarblätter. Die haben sich etwas Besonderes für ihre Besucher ausgedacht: zu ihren Füßen liegen kleine braune Nektardrüsen für die Insekten. Weiter nach innen folgen sechs gelbe Staubblätter mit Klappen, die auch besonders sind. Die Staubbeutel besitzen nämlich Klappen, welche aufspringen, wenn es so weit ist, und das ist der Fall beim Insektenbesuch oder wenn Sie das Experiment machen. Solch ein Staubblatt besitzt ja nicht

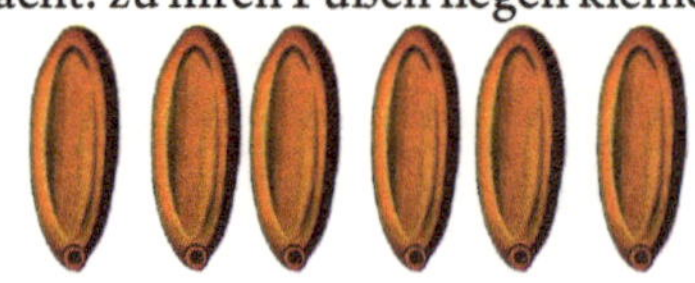

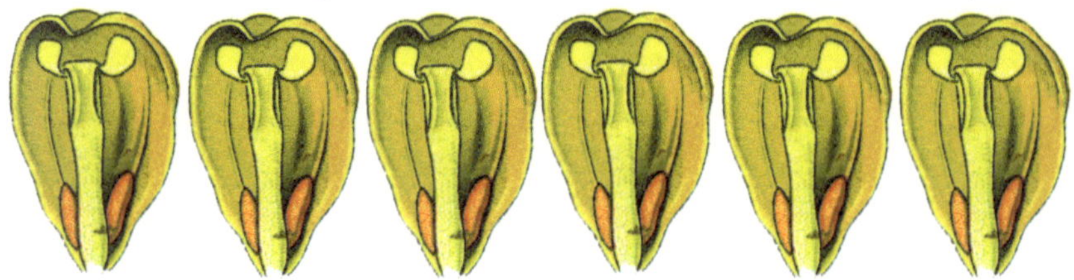

nur Staubbeutel, sondern auch einen Staubfaden. Und der ist auf der Innenseite druckempfindlich. Schneller als Sie gucken können, erfolgt nach Berührung eine schlagartige Bewegung und die Staubblätter liegen dem Griffel an! Ist das nicht wunderbar ausgedacht?

Das alles hat mit Wasser zu tun. Es fließt in einer Zehntel Sekunde in die Staubblätter ein, die nun dicker werden und den Pollen mit Tempo auf die Insekten drücken. Nach einer bestimmten Zeit ist alles wieder an der richtigen Stelle und die Pollen tragenden Insekten sind hoffentlich auf einer anderen Berberitzenblüte gelandet.

Die Berberitze wird auch Gelboum, Gäälsuchtsdorn, in England Jaundicetree (Gelbsuchtsbaum) genannt wegen der goldgelben Rinde, die sich hinter der grauen Borke verbirgt. Auch die Wurzelrinde wurde nach der mittelalterlichen Signaturlehre angewandt (und wird es noch heute) bei Leber- und Gallenleiden. Die Rinde nutzt man zur Gelbfärbung von Wolle, Seide und Leder.

In der so genannten Sympathiemedizin wurde der Strauch in früheren Jahrhunderten genutzt. So steckte man die gelben Blüten zunächst in ein leinenes, dann in ein rotes Säckchen und hing es dem zahnenden Kind um den Hals. Die harten Dornen der Berberitze sollten Hexen, die im Haus und im Viehstall ihr Unwesen trieben, abwehren. Deshalb wurden Zweige dort aufgehängt.

In der aktuellen Arzneimittelforschung ist das Berberin wegen seiner Blutzucker und Lipide senkenden Wirkung interessant.

Als »Berberitzchen« wird *Berberis* auch als Bonsai gekauft. Andere Berberisarten, wie *Berberis julianae* mit blau bereiften Früchten und *Berberis thunbergii* mit roten Früchten werden gerne als Ziergehölze in Parks und Gärten angepflanzt, ihre Früchte sind ungenießbar, ihre Herbstfärbungen jedoch wunderschön.

Betula pendula

Die Hängebirke
Frauenbirke

Von unseren Bäumen gehört die Birke zu den bekanntesten und beliebtesten. Sie hat alles getan, damit jeder sie erkennt. Solch eine weiße Rinde hat sonst kein Baum. Diese schönen Worte fand der Schriftsteller Nikolaus Lenau:

»Ich sah in bleicher Silbertracht
Der Birken Stämme prangen
Als wäre dran aus heller Nacht
Das Mondlicht blieben hangen.«

Die Botaniker sagen, dass die weiße Farbe durch das Betulin, ein spezifisches weißes Pigment, durch die Zellen der Birkenrinde hervorgerufen wird. Das Sonnenlicht wird völlig reflektiert; der Stamm erscheint weiß. Das ist so eine Art Sonnenschutz gegen zu starke Einstrahlung.

Der Name Birke ist schon sehr alt. Vielleicht stammt er von »Bark« ab, was so viel wie bergen und umhüllen bedeutet. Damit waren die wasserdichten Gefäße gemeint, die aus der weißen Rinde gemacht wurden. Heute wird die abziehbare Rinde für die Herstellung von Taschen verwandt. Besonders bei der Papierbirke, *Betula papyrifera,* lassen sich große Lappen von der Rinde abziehen.

Kein Baum sieht so zart aus. Die Blättchen an den lang herunter hängenden Zweigen zeigen ab April das schönste Maiengrün. Wen wundert es, dass diese Zweige der Hängebirke so oft mit den Haaren einer Frau in Verbindung gebracht wurden und ihr der Name »Frauenbirke« verpasst wurde.

Ein Birkenwäldchen, drei Birken vor dem Haus! Das ist Licht und

Schönheit. Das ist der Maienbaum, der Wunnebaum, der Frühling schlechthin. Wenn eben dieser Frühling kommt, haben wir Gelegenheit, die Birke bei ihrem Blattaustrieb, auch ihre »Frauenblüten« und »Männerblüten« zu beobachten. Letztere blühen zwar in getrennten Blüten, aber in einem Haus, an einem Baum.

Birkenkätzchen mit männlichen Blütenknospen

Einzelne männliche Blüten. Ein Staubblatt bildet zirka 10.000 Pollen; ein Kätzchen zirka 5,5 Millionen

Die Birke ist einhäusig, monözisch. Wir alle kennen die »Kätzchen« an Birken, Erlen, Hasel und Weiden. In den Kätzchen reifen wunderbar Raum sparend die männlichen Blüten heran. Sie hängen vom Baum herab, übergeben sich dem Wind, wenn es soweit ist und lassen ihre zarten Pollen fliegen, um bei weiblichen Blütchen zu landen und sie zu bestäuben.

Jeweils drei weibliche Blüten wachsen in einem Gebilde aus Vorblättern und Deckblatt heran, welche dann bei der Frucht als Schuppe für die gelungene Fortbewegung sorgt

Eine einzelne weibliche Blüte blüht nicht allein, sondern zusammen mit vielen weiteren weiblichen Blüten. Sie sehen wie kleine Kätzchen aus. Die einzelne Blüte ist winzig, zeigt aber zwei leuchtend rote Narben. Meist stehen drei Blütchen zusammen. Sie bilden sich zuerst an den »diesjährigen« Zweigen, die also in diesem Jahr den Knospen entsprangen. Sie lassen den »Männern« an den »vorjährigen« Zweigen (also vom vergangenen Jahr) den Vortritt beim Blühen, was man als »vormännlich« bezeichnet.

Birkenkätzchen mit vielen weiblichen Blüten

Wahre Meisterwerke einer Minimalarchitektur sind die Birkennüsschen mit Flügeln. So winzig die Nussfrüchtchen sind, werden sie doch von zwei hauchzarten Luftflügeln begleitet, mit denen sie sich als Segelflieger dem Wind anvertrauen. Diese Winzlinge sind in der Lage, überall hin zu fliegen, sich überall fest zu setzen, auf jedes Dach, in alle Ruinenritzen eines Gemäuers und Ritzen alter Eisenbahnbohlen. Wenn man sie lässt, bilden sie kleine Wäldchen.

Träger eines Birkenfrüchtchens: die Schuppe

Ein zwei bis drei Zentimeter langes Birken»zäpfchen«, gebildet aus zahlreichen Früchtchen inkl. Schuppen

Ganz einfach gesagt: bei der Birke haben wir es insgesamt mit drei »Wüeschkes« oder auch »Wörmsche«, Würstchen, zu tun:

1. Wörmsche mit männlichen Blüten,
2. Wörmsche mit weiblichen Blüten,
3. Wörmsche mit Früchtchen.

Wenn Sie sich die Muße nehmen – am besten mit einer Lupe –, um diese Zusammenhänge zu begreifen, wird die Birke ihre liebliche Botanik enthüllen.

Rezept für Birkenchampagner

Im Frühling steigen die Säfte, generell, bei allen Bäumen. Bei der Birke sind in diesem »Blutungssaft« der Rinde bis zu zwei Prozent Traubenzucker enthalten. Daraus kann ein berauschendes Getränk, der »Birkenchampagner«, hergestellt werden. Dazu frischen Birkensaft mit Zucker vermischen und einkochen. Nach dem Abseihen Hefe und Zitrone zusetzen, das Ganze zirka einen Monat in einem verschlossenen Fass sich selbst überlassen. Dann wird das Getränk in Flaschen gefüllt. Vor dem Probieren ein wenig Zucker ins Glas geben, mit Champagner aufgießen. Schmeckt gut und macht lustig.

Ohne dass sich die Schriftsteller absprachen, wird die Birke als »weiblich« angesehen wegen ihrer langen Haare. Ob sich daraus die Hoffnung speist, dass ausgefallene Haare durch Birkenhaarwasser nachwachsen? Warum nicht?

Auch die Schriftstellerin Ricarda Huch (1864-1947) sah sich mit Birkenhaaren:

Erinnerung
Einmal vor manchem Jahre
War ich ein Baum am Bergesrand,
Und meine Birkenhaare
Kämmte der Mond mit weißer Hand.

Hoch überm Abgrund hing ich
Windebewegt auf schroffem Stein,
Tanzende Wolken fing ich
Mir als vergänglich Spielzeug ein. (...)
Gesammelte Werke. Bd. 5. 1971. Kiepenheuer & Witsch, Köln.

Eine Birke eignet sich gut zum Umarmen. Es gibt nichts Lebendes, was sich außer einem Menschen so gut zum Umarmen eignet wie ein Baum. Wenn man dann noch die Wange an den weißen Stamm legt, wie es der Lyriker, Buchhändler und Klavierlehrer Gustav Falke (1853-1916) getan hat, kann Schönes gespürt werden:

Das Birkenbäumchen
(...)Da sah ich dicht am Wegesaume
ein Birkenbäumchen einsam stehn,
rührend im ersten Frühlingsflaume.
Konnt‘ nicht daran vorübergehn.

In seinem Schatten stand ich lange,
hielt seinen schlanken Stamm umfasst
und legte leise meine Wange
an seinen kühlen Silberbast.

Ein Wind flog her, ganz sacht, und wühlte
im zarten Laub wie Schmeichelhand.
Ein Zittern lief herab, als fühlte
das Bäumchen, dass es Liebe fand.

Auch Tilla Durieux (1880-1971) liebte die Birke, die Schauspielerin erinnert sich an den Garten ihrer Eltern in Wien: »Die Birke, die stumme und lange Zeit einzige Freundin meiner einsamen Kindheit, stand im Garten vor unseren Schlafzimmerfenstern, und ihre Rinde war wie Atlas. Man konnte so gut die Wangen an ihren weißen Stamm legen, der so kühl und sanft war, und ihr alles erzählen. Sie kannte meine Streiche, erfuhr, was ich in der Schule verbrochen hatte, und plauderte nichts aus. Sie war meine Beraterin bei allen wichtigen Fragen. Ihre Blätter hatten im Frühling solch lustiges Grün, sie schrien förmlich von Sonne und Wärme, die kommen mussten, und im Sommer waren sie dunkel und gut. Eine große heiße Liebe, wie sie Kinder nur zu Menschen fühlen, die gleichmäßig ruhig und freundlich sind, erfüllte mich so stark, dass noch heute bei der Frage nach meinem Geburtshaus nur allein strahlend die Birke vor mir steht.« Durieux: 9f.

Camellia japonica

Kamelie

Seit über zweihundert Jahren sind die Europäer begeistert von dieser Pflanze aus China. Zuerst soll sie im Jahre 1731 in England gesehen worden sein. Wie so viele andere blumige Köstlichkeiten aus aller Welt landete sie bei den begeisterten Blumenliebhabern und Züchtern in Kew Gardens London.

Es ist etwas Besonderes, wenn sich mitten im Winter diese Blüten in allen möglichen Farben öffnen. Wenn sie sich öffnen! Wenn sie nur so tun und sich willig mit zahlreichen Knospen zeigen, ist das Ende noch nicht abzusehen. Oft fallen die Knospen ungeblüht wieder ab. Damit das nicht passiert, ist eine nicht zu kalkige Erde sowie Regenwasser als Gießwasser zu nehmen und es nicht zu warm im Raum zu haben. Wenn die Kamelie aus dem Handel ins Haus gestellt wird, nicht sofort ins Zimmer stellen! Das ist die Garantie für den Knospenfall. Zunächst mag sie es, in einen hellen und kühlen Raum gestellt und gegossen zu werden; auch Sprühen ist erlaubt. Wenn die Knospen aufgegangen sind, kann die Pflanze das Wohnzimmer schmücken, aber nicht an die Heizung stellen, nur hell möchte sie es haben. Wenn es möglich ist, mit Wasser gefüllte Gefäße um die Pflanze stellen. Es gibt mittlerweile winterharte Kamelien für den Garten, mit denen nicht so viel verkehrt gemacht werden kann. Einen Windschutz sollte sie jedoch in der kalten Jahreszeit haben.

Doch kommen wir zum Namen. *Camellia* mit »C« und zwei »l«, Kamelie mit »K« und einem »l«. Die Kamelie führt ins 17. und 18. Jahrhundert, zu dem aus Mähren stammenden Jesuitenpater Georg Joseph Kamel (1661-1706). Der war mit 26 Jahren auf die Philippinen geschickt worden, traf zwei Jahre später in Manila auf der Insel Luzon ein und legte dort einen Garten an. Ob er bei seinen Exkursionen auf andere Inseln die Kamelie sah, ist nicht belegt. Doch die Pflanze wurde nach ihm benannt.

Die Kamelie war schon lange zuvor in China als Zierpflanze beliebt gewesen. Von den Gebirgen im Südwesten gelangte sie nach Japan und in den übrigen südostasiatischen Raum.

Von England aus startete die Kamelie ihren Siegeszug nach Frankreich. Wenige Jahre später, im Jahre 1808, soll Napoleon zwei Handelsschiffe nach London geschickt haben. Ein dort lebender Genter Kaufmann und Blumenliebhaber schickte seinem Freund Bast de Herdt in Paris je einen Korb mit weißen und roten Kamelien. De Herdt wiederum offerierte diese der Kaiserin Josephine als Zeichen der Erkenntlichkeit. Ab 1809 folgten größere Pflanzensendungen. Die Kaiserin liebte die Blumen sehr. Nach ihrem Tod wurden ihre Kamelien verkauft; sie sollen zwanzigtausend Franc eingebracht haben. Kamelien wurden fester Bestandteil der Balltoilette französischer Damen.

Eine gefeierte Pariser Salondame war Marie Duplessis. Verewigt wurde sie 1848 von einem Schriftsteller, der in sie verliebt war, von Alexandre Dumas d.J. (1824-95) in dessen Roman »La Dame aux Camélias«. Vier Jahre später wurde nach dem Roman ein Theaterstück aufgeführt. Dem folgte die Uraufführung der Oper »La traviata« von Giuseppe Verdi in Venedig im März 1853; die deutsche Erstaufführung fand 1857 in Hamburg statt. Erwähnt wird die Kamelie in der Oper im 1. Akt, 3. Szene. Violetta wird von Alfred gefragt, wann er wiederkommen dürfe:

Violetta (nimmt eine Kamelie von ihrer Brust) »Da nimm, nimm diese Blume!«
Alfred: »Wieso?«
Violetta: »Bring sie mir wieder ...«
Alfred: »Wann denn?«
Violetta: »Wenn ihre Blätter welk sind.«
Alfred: »O Gott! Schon morgen?«

Violetta: »Nun ja ... schon morgen!«

Alfred (nimmt die Blume begeistert an sich): »Mein Gott, wie bin ich glücklich!«

Dass eine Kamelie so schnell verblüht, kommt wohl nur in der Oper vor. – Die an Tuberkulose erkrankte Marie Duplessis starb mit 23 Jahren. Sie wurde in einem mit Kamelien gefüllten Sarg auf dem Montmartre in Paris beigesetzt. Seit dieser Zeit war es lange Zeit Mode in Paris, zu den Friedhöfen zu pilgern, um dort Kamelien niederzulegen. Ihr Grab wird bis heute mit Blumen geschmückt. Auch Franz Liszt soll ihr Liebhaber gewesen sein und ihr einen bewegenden Nachruf gewidmet haben: »Arme Mariette Duplessis, wenn ich an sie denke, erklingt in meinem Herzen ein geheimnisvoller Akkord aus einer antiken Elegie«.

Zu berichten ist unbedingt von Johann Heinrich Seidel (1744 – 1815), dem berühmten Kamelienliebhaber und -züchter. Er war Hofgärtner in Dresden. Im Winter 1792/93 blühte zum ersten Mal bei Seidel eine Kamelie. Goethe aus dem nahen Weimar wollte das Wunder unbedingt sehen, doch als er Seidel im August 1794 besuchte, blühte die Kamelie nicht – Goethe war zur falschen Zeit gekommen. Seidels Züchtungen waren erfolgreich; ab 1807 konnte er Kamelien verkaufen, Sein Sohn, Jakob Friedrich Seidel, soll bis 1813 Inspektor am Jardin des Plantes in Paris gewesen. Im Juni 1813 kehrte er – wohl mit drei Kamelien und mit Kartoffeln als Feuchtigkeitsspender im Gepäck – nach Dresden zurück. Als »Kamelienseidel« gründete er die erste Erwerbsgärtnerei des deutschen Zierpflanzenbaus mit der ersten Kamelien-Spezialkultur. Bald war er der größte Kamelienproduzent Europas.

Im Weimarer Belvedere will die Kamelienzucht nicht gelingen. Der Herzog Carl August besucht im Juni 1827 die Kamelienzüchtungen in Dresden und schreibt danach nach Weimar: »Nachdem ich gestern den Wald von Camellien bey Seydeln hier gesehen habe, so bin ich überzeugt worden, dass sämtliche Gärtner im Belvedere nicht den geringsten Begriff von der Zucht und der Vermehrungsart dieser prächtigen Pflanzen besitzen. Seit länger als 10 Jahren sind sie nicht im Stand gewesen, ein Exemplar zu ziehen, dass so gut wäre wie die mittelmäßigsten Pflanzen bei Seydeln. Der Hofgärtner Sckell, soll er auf wohlfeilste Weise nach Dresden reisen und sich bei

Seydeln mit der Zucht der Camellien genau bekannt machen, damit wir nicht immer in Belvedere an den schönst blühenden Pflanzen, die eine künstliche Zucht bedingen, Mangel leiden.«

Zahlreiche Liebhaber hat auch eine andere Kamelie, die *Camellia sinensis*. Die Teepflanze ist es, welche mit »two leafs and a bud« jeden Teetrinker beglückt.

Carpinus betulus

Hainbuche
Weissbuche

Der Name Hainbuche führt uns in alte Zeiten, zurück ins 14. Jahrhundert. Zu dieser Zeit wurde ein gehegter Wald Hag oder »Hain« genannt. Das war entweder ein kleines lichtes Wäldchen oder auch nur eine Baumgruppe.

In der Antike gab es die geheiligten Haine, die einer Gottheit geweiht waren. Schön ist die Wegbeschreibung, welche Nausikaa dem Odysseus gab, damit dieser die Flur ihres Vaters Alkinoos finden könne: »Nah am Wege findest du einen Hain der Athene, Schimmernd von Pappeln, ein Quell inmitten und ringsherum Wiese. Dort ist die Flur meines Vaters, dort auch sein sprossender Garten, So weit weg von der Stadt, als reicht eines Rufenden Stimme.«

Römer hatten einen Musenhain. Bei den Germanen gab es geheiligte Bäume und geheiligte Waldungen. Wer in einen solchen flüchtete, durfte nicht weiter verfolgt werden. Er war hier unter den heiligen Bäumen sicher. Später war bei Klopstock der Hain Sitz und Symbol der Dichtkunst. So entstand im Jahre 1772 ein Dichterbund, welcher den Namen »Hain« bekam.

In vielen Ortsnamen ist das Wort eingegangen, wie in Berlin-Friedrichshain. Ein Hain bezeichnet auch Orte der Erinnerung wie Gedenkhain, auch Standorte von Pflanzungen wie Rebenhain.

In der heutigen Literatur wird gerne auf den »Hain« zurückgegriffen. Ingeborg Bachmann (1926-1973) schrieb in »Herbstmanöver« von den mediterranen Orangenhainen. Bertolt Brecht pries den »Regen im Kiefernhain« und Erhard Kästner dachte über Wald und Hain nach, als er Wanderungen in Griechenland unternahm: »Aber Hain, das gibt es in unserer Waldschaft ja kaum noch, die auf Hochleistung und schnelle Nutzung getrimmt ist. Hain ist offen; Baum-Gruppen, Wiesen-Stücke dazwischen, Lichtungen, die zu nichts nutz sind, was man so nutz nennt.«

Sein Namensvetter Erich Kästner schreibt über den »Farbenhain«, durch den der Mai »im Galarock des heiteren Verschwenders« in der Kutsche fährt. Friedrich Hölderlin spielte mit den »Blumen des Hains« und wurde, »da ich ein Knabe war«, erzogen durch den »Wohllaut des säuselnden Hains«.

Nikolaus Lenau (1802-1850) hört »Sterbeseufzer der Natur schauern durch die welken Haine« in seiner »Herbstklage«, in der er dem holden »Lenz« nachtrauert. Novalis schreibt: »Aus dürren Hainen fliehn die Lieder«.

Der Name »Weißbuche« nimmt Bezug auf die Farbe des Holzes; sie ist weiß, nicht rot wie das der Rotbuche. Die Weißbuche lässt sich auch im Winter gut erkennen, am Stamm. Der ist silbrig wie es auch der Stamm der Rotbuche ist. Jedoch verlaufen auf dem Weißbuchenstamm auffällige Längsfurchen, welche der Stamm der Rotbuche nicht aufweist.
Verwirrend ist die »Buche« im Namen schon. Verwandt ist die Weißbuche mit der Rotbuche, *Fagus sylvatica,* nicht. Beide gehören unterschiedlichen Familien an: die Hainbuche den Birkengewächsen, *Betulaceae,* die Rotbuche den Buchengewächsen, *Fagaceae.*
Man hat die Hainbuche wahrscheinlich so genannt, weil die Blätter beider Bäume als ähnlich betrachtet wurden, was sie bis zu einem gewissen Grade auch sind. Unterschiede lassen sich aber schnell ausmachen. Die Blätter der Rotbuche haben einen glatten Rand, der von Silberhärchen geschmückt ist. Das kann ein Blatt der Hainbuche nicht aufweisen, dessen Blattränder doppelt gesägt sind.

Sehr hübsch ist die Hainbuche im Frühling, wenn ihre Blüten langsam sichtbar werden. Hintereinander erscheinen sie: erst die männlichen Blütenkätzchen; später erscheinen die weiblichen Blüten.

Mit der Blütenfarbe sind beide Geschlechter zurückhaltend; beide sind grünlich gelb, also von den jungen Blättern kaum zu unterscheiden. Farben haben sie auch nicht nötig. Sie wollen keine Insekten anlocken. Sie wollen sich dem Wind hingeben, damit dieser die Pollen auf die weibli-

Weibliches Blütenkätzchen

Einzelne weibliche Blüte

Männliche Blütenkätzchen

chen Blüten fliegen lässt. Daher blüht die Hainbuche wie alle Wind bestäubten Kätzchenblüher als eine der ersten Bäume im Frühling.

Auch alles andere ist bei Rotbuchen und Weißbuchen verschieden, zum Beispiel Knospen und Früchte. Das sind bei der Hainbuche keine Bucheckern, sondern kleine, bis maximal ein Zentimeter lange Nüsschen, um die sich ein extravagantes dreilappiges Flugorgan dem Tragblatt entwickelt hat. Wenn die Nüsschen reif sind, können sie mit Hilfe ihres Flugorgans in Drehbewegungen zur Erde trudeln.

Genutzt wird die Hainbuche gerne als Hecke; sie lässt sich gut schneiden, wird dicht. Das Holz ist schwer, zäh und hart; die Jahresringe sind gewellt. Aus dem Holz werden Werkzeug, hölzerne Schrauben und Pflöcke produziert. Auch tat es früher als Mühlrad seinen Dienst.

Ob Loriot an die Hainbuche dachte, als er in seinem Gedicht »Krawehl« schrieb:

Taubtrüber Ginst am Musenhain!
Trübtauber Hain am Musenginst!

Clematis vitalba

Gewöhnliche Waldrebe
Affenseilchen
Gänseflaum
Deiwelsstrick
Hexenhaark

Die Gewöhnliche Waldrebe ist schon ein bemerkenswertes Hahnenfußgewächs. Aus dieser Familie mit Leberblümchen, Akelei, Wiesenraute und Jungfer im Grünen ist sie die einzige, die in hohe Bäume klettern und sich daher auch als »Liane« bezeichnen lässt. Um das Klettern zu meistern, hat sie in ihrem inneren Sprossteil ein starkes Festigungsgewebe ausgebildet. Auch lässt sie ihre Klettereinrichtungen verholzen. Dazu ist sie Linkswinder und Blattstielkletterer, hat Pinselblumen und kann ihre Früchte als Federschweifflieger dem Wind übergeben oder als Bohrfrucht in die Erde bohren lassen.

Ihre reifen Früchte mit den verlängerten und behaarten Griffeln sind bekannter als die cremeweißen Blüten.
Dass die Waldrebe so hoch klettern kann, hat sie ihren Blättern zu verdanken. Es sind Fiederblätter, die entlang von Spindeln ihre kleinen Fiederblättchen wachsen lassen. Mit dieser Spindel und den Stielen der Fiederblättchen klettert die Liane in die Höhe. Die verholzenden Zweige überstehen den Winter, treiben im nächsten Frühling wieder aus und können nun die nächsten Höhen in Angriff nehmen. Dabei kann ein Zweig dick wie ein Arm werden. Bald kann der erkletterte Baum völlig von der Waldrebe zugedeckt sein. Wenn diese zu umfangreich wird oder dem Kletterbaum zu viel Licht nimmt, fällt er um oder stirbt ab. Das ist dann aber auch schlecht für die Waldrebe, die nun mit in die Tiefe stürzen muss. Vielleicht hat sie auch schon vorgesorgt, da sie von einem Baum zum anderen ranken kann, was ihr den Namen »Affenseilchen« einbrachte.

Schön sind die Früchte. Sie entwickeln sich aus der »Pinselblume«. Deren cremefarbene einfache Blütenblätter, die angeblich nach Fisch riechen, werden von Insekten besucht; die Bienen sammeln von Juli bis September Nektar und streichen mit ihren Beinchen die Pollen ins Pollenhöschen, welches danach blassgelb gefärbt sind. Nun kann es losgehen mit Befruchtung und Heranreifen der Früchtchen. Die Blütenblätter fallen ab, ebenso die Staubblätter. Die zahlreichen einzelnen Fruchtblätter verlängern den alten Griffel und besetzen diesen mit relativ langen weichen Härchen. Unten am Griffel hängt die kleine dunkelbraune Nussfrucht mit zwei winzigen Samen. Bei Reife hat die Frucht mehrere Möglichkeiten: entweder sie lässt sich vom Strauch fallen, mit einem starken Wind bei Trockenheit davon tragen, denn nur dann sind die Härchen bereit, im Pelz eines Tieres Platz zu nehmen, oder sie fällt in die Erde, um sich in diese hineinzubohren. Alles ist möglich bei dieser ungewöhnlichen Pflanze namens Gewöhnliche Waldrebe.

Zeit für die Verbreitung hat sie bis in den tiefen Winter hinein. Vielleicht polstert ja im frühen Frühling ein Vogel sein Nest mit diesen wolligen Früchtchen aus. Das taten auch die Gänse, was der Waldrebe den Namen »Gänseflaum« einbrachte. Auch mit den Hexen und dem Teufel muss sie was gehabt haben; Namen aus dem Rheinland wie »Deiwelsstrick« und »Deiwelszwirn«, »Hexestrang«, »Hexenfinger« und »Hexenhaar« weisen darauf hin.

Besonders gerne ist die Waldrebe in feuchten Bruch- und Auenwäldern zuhause oder auch an Waldrändern. Doch zu nahe sollte man ihr nicht kommen. Wenn ihr Pflanzensaft frei wird, kann der für gemeine Blasenbildung auf der Haut sorgen. Der Abbruch einzelner Teile mit den wolligen Früchtchen gelingt gut und führt eigentlich nicht zur Verletzung.

Bleibt noch der Hinweis auf die zahlreichen Sorten, welche im Blumenhandel in vielen Farben und Größen erstanden werden können.

Cornus mas

Kornelkirsche
Herlitze
Fürwitzel

Kornelkirschen und Zaubernuss sind die ersten, die uns mit ihren gelben Blüten anzeigen, dass es mit dem Frühlingserwachen nicht mehr lange dauern wird. »Fürwitzel« ist so genau der richtige Name für unsere Kornelkirsche.

Wenn bereits im Februar und März die gelben Blütenbüschel erscheinen, wird der Baum auch schon mal mit dem Forsythienstrauch verwechselt. Dann im September, wenn seine kirschroten Früchte zwischen den Zweigen leuchten, gehen alle Spaziergänger vorüber.

Niemand pflückt seine Früchte ab nach dem Motto: »Was man nicht kennt, soll man auch nicht essen«, was ja auch erst einmal richtig ist. Aber es ist schade, dass diese wertvolle Wildfrucht nur wenig bekannt ist! Wer nach dem ersten Genuss wegen der fehlenden Süße vor der zweiten Frucht zurückschreckt, dem sei gesagt »nicht klein beigeben«. Die zehnte »Kornelle« ist nicht mehr sauer; alle anderen danach schmecken sogar sehr gut, wenn sie auch noch immer nicht so süß wie unsere Süßkirschen sind. Die Kornelle ist auch nicht kugelig wie diese, sondern länglich, ihr Stein ist nicht rund, sondern ebenfalls länglich. Sie gehören nicht wie unsere Kirschen zu den Rosengewächsen, sondern sind Mitglied der Hartriegelgewächse, *Cornaceae*. Mit Kirschen haben die Kornellen nur die Farbe gemein sowie, dass sie kirschenähnliche Früchte ausbilden. In Wirklichkeit sind es Nüsse, welche von rotem Sprossgewebe umwachsen sind.

Kornelkirschen sind schon seit der Antike bekannt. Der Römer Plinius der Ältere meinte im ersten Jahrhundert n. Chr.: »Die Kornelkirschen werden zur Speise gezogen«, und der griechische Arzt Dioskurides empfiehlt sie zum Einmachen.

Ludwig Reinhardt schrieb in seinem Buch »Kulturgeschichte der Nutzpflanzen« im Jahre 1911, dass auch in Russland Kornelkirschen gegessen und mit Zucker eingemacht werden. In der Türkei waren sie eine beliebte Speise und seien unter dem griechischen Namen »krania« überall auf den Straßen angeboten worden. Mit Wasser verdünnt ergebe ihr Saft ein angenehmes Getränk, »Scherbet«, genannt.

An die neunzig Namen sind für die Kornelkirsche aufgeführt. Es gibt eine Gruppe um den Namen »Herlitze«, wie Herlsken, Hermkenbaum, Hernsken, Hirlitze, Hörlitze. Viel ist über die vielen verschiedenen Namen diskutiert worden. Wo und wieso wohl der Name Herlitze entstand? Unter diesem Namen pflanzte August Goethe im Jahre 1817 im Garten am Frauenplan eine Hecke. Auch wenn man den Namen Herlitze heute nicht mehr kennt, ist sie noch immer eine beliebte Heckenpflanze. Das ist sehr schön, gibt solch ein Gehölz doch unseren Vögeln reichliche Nahrung.

Corylus avellana

Die Gemeine Hasel
Frau Hasel
Märzennudel
Hasliholz

Frau Haselin ist neben Frau Kranevit und Frau Holder eine der letzten so formvollendet Angeredeten. Leider ist die weibliche Form der Namensgebung für diese drei ehrwürdigen Gehölze im Laufe der Jahrhunderte verloren gegangen. Das ist sehr schade, ebenso wie zu bedauern ist, dass die uralten Geschichten von ihnen nur noch zum Teil überliefert sind.

Gab der Hase oder der Fruchtbecher diesem alten ehrwürdigen Strauch den Namen? Die Antwort ist eindeutig: beide. Den deutschen Namen »Haselnuss« bekam der Strauch, weil der Hase gerne unter dem Haselstrauch lagern soll Und nicht nur der.

Corys, der Helm, stand Pate bei der Namensgebung der Gattung *Corylus*. Den Begriff »Corilus« soll es bereits im Mittelalter gegeben haben. Mit Korys bzw. Helm ist der hübsche Fruchtbecher gemeint, botanisch »Cupula«. Eine solche ist jeder Frucht aufgesetzt. Die Cupula entwickelt sich aus dem umgebenden Sprossgewebe, gehört also nicht zur eigentlichen Frucht. Mit der harten Fruchtschale – was die Frucht zur echten Nuss macht – ist der Same, also das, was wir essen, besonders gut geschützt.

Kommen wir zu Hasel bzw. Hase. Frage: Was haben Hase und Wünschelrute gemeinsam? Beide springen! Die Wünschelrute springt, wenn sie eine Wasserquelle gefunden hat. Und der Hase? Er kann nicht anders als springen. Vielleicht macht es ihm auch Spaß, das Leben in Sprüngen zu nehmen. Jakob Grimm brachte den Hasen ins Gespräch, würde dieser doch im Altindischen von »cac« abgeleitet sein, von springen, was Bezug nimmt auf die Wünschelrute, welche meist aus einem Haselzweig gefertigt sei.

Botaniker brachten die volkstümlichen Namen fast ausschließlich mit dem Hasen in Verbindung bzw. mit der Häsin, hier Frau Haselin, obwohl sich unterm Hasel noch viele andere Lebewesen tummelten, wie Nattern, Schlangen, mit oder ohne Krone, Schätze und Schatzgräber und sogar die Gottesmutter .

Kätzchen marsch! So heißt es im Frühling, wenn die ersten warmen Sonnenstrahlen auf unseren Strauch fallen. Die Kätzchen schliefen sechs Monate. Nun ist es Zeit, endlich die Winterkoffer aufzumachen und zu zeigen, was sich Schönes darin befindet. Das tut das Kätzchen bevorzugt im März, was ihr den anschaulichen Namen »Märzennudel« einbrachte. Doch bevor diese aufgehen, ist ein Blick auf das Muster angebracht, das die dicht beieinander liegenden Blütenknöspchen bilden. Einfach genial!

Von links nach rechts: Märzennudel. Blühende Haselkätzchen mit männlichen Blüten, erwachendes Kätzchen, weibliche Blüte mit roten Narben

Aus den Pollensäcken der Staubblätter strömen die Pollen, die männlichen Gametenträger, und geben sich dem Frühlingswind hin. Wenn der zur rechten Zeit stark genug ist, löst er am Strauch den »Schwefelregen« aus. Der heißt so, weil der schwefelgelbe Pollen so zahlreich wie Regentropfen herausgeblasen wird. Und die Pollen fliegen und fliegen, wohin? Zu den weiblichen Blüten! Doch wo sind die? Am Strauch, welchen sie verließen, sind nur wenige oder keine zu entdecken. Aber dort hinten, nah am Haus und in der vollen Sonne, da gibt es sie bereits, die weiblichen Blüten.

Wenn zuerst die männlichen und erst später die weiblichen Blüten erwachen, nennt man das »Vormännlichkeit« (Proterandrie). Wenn »Frauen« und »Männer« getrennt geschlechtlich sind, sich jedoch auf einer und der gleichen Pflanze befinden, heißt das »einhäusig« (monözisch). Jedes Geschlecht hat eigene Blüten, die weiblichen mit Fruchtblatt, die männlichen mit Staubblättern.

Die weiblichen Liebsten am Haselstrauch sind zunächst nicht von den grünen Blattknospen zu unterscheiden. Erst wenn ihre Zeit gekommen ist, werden sie ihre beiden leuchtend roten Narben entfalten, und die gelben Pollenliebsten empfangen. Warum sind die Narbenäste rot? Die blinden Pollen können ihr rotes Ziel doch gar nicht sehen! Oder kann der Wind vielleicht doch sehen?! Landet der Pollen auf der Narbe, nennt man dies Bestäubung. Die Befruchtung erfolgt erst, wenn der Pollenschlauch sich ausgebildet und die männlichen Gameten zu den weiblichen Samenanlagen transportiert hat und die beiden Gameten verschmelzen. Und das kann bei unserer Hasel mehrere Wochen dauern.

Getrenntgeschlechtigkeit hat sich bei vielen Pflanzen herausgebildet, weil dies eine gute Möglichkeit ist, Selbstbestäubung zu verhindern. So wird für einen möglichst variablen Genpool gesorgt! Im ersten Frühlingswind zu blühen, hat einen wichtigen Grund. Im noch laubblattlosen Wald können sich die Pollen fast ungehindert auf den Weg machen. Noch klüger und geheimnisvoll ist es, dass die Narben aus dem Pollenmix aller möglichen Pflanzenarten nur den arteigenen Pollen Einlass gewähren.

Unsere Vorfahren schätzten die Haselsträucher so sehr, dass vor jedem Haus einer stand. Der Hasel war der »Ernährer« und wurde besonders im Winter wegen seiner fettreichen Samen geschätzt; auch eignete er sich für eine Lagerung. Gingen die Hausbewohner am Strauch vorbei, wurde der Hut gezogen. So zeigten sie ihre Ehrerbietung. Das war bereits in grauer Vorzeit so. Und wir wissen, je länger eine Pflanze bei unseren Vorfahren bekannt und genutzt wurde, umso mehr Bräuche und Geschichten ranken sich um sie.

Alles was den Menschen schadete, musste abgewehrt werden. Besen aus Haselzweigen machten den Hexen den Garaus, wenn zum Schutz vor Verhexung um zwölf Uhr alle Ecken der Stube ausgefegt und so dem Unglück keine Chance gegeben wurde. Zog ein Frühlingsgewitter auf, schnitten die Bauern Haselzweige ab und fertigten daraus ein Kreuz. Das sollte Blitzeinschläge verhindern. Haselruten waren dem Donnergott Thor geweiht, der die Verkörperung des Blitzes darstellte.

In Pommern und Franken wurden Haselnüsse in alten Grabstätten gefunden. In anderen Gräbern waren Haselstäbe zu finden. Sollte ein Gerichtsplatz abgegrenzt werden, tat man dies mit Haselgerten, wie im folgenden Spruch überliefert:

Abgesteckt durch Haselgerten
War ein Ring mit rotem Faden,
Mehr geschützt vor Volkes Andrang
Als durch feste Eisenschranken,
Denn geheiligt war die Hegung.

Hexen und böse Geister verjagen war eine Sache, eine andere war, die Fruchtbarkeit von Mensch und Vieh zu sichern und zu fördern. Dabei spielte die Hasel eine wichtige Rolle, war doch von unseren Vorfahren entdeckt worden, dass ein abgehauener Strauch oder ein abgeschnittener Zweig sich schnell wieder begrünten. Das ließ die Hasel zum Fruchtbarkeitssymbol werden.

Wurde im Schwarzwald geheiratet, trugen die Hochzeitsleute eine Haselrute. Wurde in Italien geheiratet, durften die Nüsse nicht fehlen. Sie wurden dem Brautpaar auf den Weg gestreut. Das machte man auch in Böhmen. Dort durften jedoch keine Haselnüsse in Nähe des Hauses liegen gelassen werden, denn sonst gäbe es uneheliche Kinder.

Zwillingsnüsse waren etwas Besonderes. Sie wurden als Zeichen der Zweisamkeit gedeutet. Wurde eine Nuss gegessen und die andere über die Schulter geworfen, war mit einer harmonischen Ehe zu rechnen. In einigen Regionen nennt man eine Zwillingsnuss auch »Vielliebchen«.

Vieles wurde mit unserer Hasel angestellt! Dazu gehört das Suchen nach Wasser mit der Wünschelrute. War die Stelle gefunden, konnte ein Brunnen gebaut werden.

Die Wünschelrute ist ein Gabelzweig des Haselstrauches, der genau die dreifache Länge eines Zeigefingers hatte. Man fasst ihn so an den beiden Enden, dass die Verbindungsstelle der Zweige nach oben zeigt. Bewegte sich die Wünschelrute nach unten, konnte mit dem Graben nach Wasser begonnen werden.

Die Wünschelruten mussten – um wirksam zu sein – möglichst in der Silvesternacht geschnitten und dabei mit Zaubersprüchen bedacht werden, wie:

Wünschelrutengänger aus dem 18. Jahrhundert

Ich schneide dich, liebe Rute,
Dass du mir sollst sagen,
Was ich dich will fragen,
Und dich so lang nit rühren,
Bis du die Wahrheit tust spüren.

Besonders begehrt waren Haselsträucher, auf denen Misteln (Viscum, s.S. 125) wuchsen. Unter denen wohnte nämlich der Haselwurm, eine weiße Schlange von etwa einem Meter Länge. An Festtagen trug sie eine Krone auf dem Kopf. Um so stark zu werden, um durch den dicksten Eichbaum fahren zu können, musste der Haselwurm in jedes Blatt des Strauches ein rundes Loch knabbern. Wer einen Haselwurm besaß, konnte sich glücklich schätzen. Mit ihm war der Besitzer gegen böse Geister gefeit, er konnte sich unsichtbar machen und war unverwundbar. Wurde er aber doch gefangen: kein Problem. Mit Hilfe des Haselwurms konnte man auch durch verschlossene Türen gehen.

In der folgenden Geschichte, von den Grimms nacherzählt, geht es um eine Schlange. Doch die konnte der Mutter Gottes nichts anhaben. Denn sie fand Schutz beim Hasel: »Eines Nachmittags hatte sich das Christkind in sein Wiegenbett gelegt und war eingeschlafen. Da trat seine Mutter heran, sah es voll Freude an und sprach: ›Hast du dich schlafen gelegt, mein Kind? Schlaf sanft, ich will derweil in den Wald gehen und eine Handvoll Erdbeeren für dich holen; ich weiß wohl, du freust dich darüber, wenn du aufgewacht bist.‹ Draußen im Wald fand sie einen Platz mit den schönsten Erdbeeren; als sie sich aber herabbückt, um eine zu brechen, so springt aus dem Gras eine Natter in die Höhe. Sie erschrickt, lässt die Beeren stehen und eilt hinweg. Die Natter schießt ihr nach. Aber die Mutter Gottes, das könnt ihr denken, weiß guten Rat. Sie versteckt sich hinter einem Haselbusch und bleibt da stehen, bis die Natter sich wieder verkrochen hat. Sie sammelt dann die Beeren, und als sie sich auf den Heimweg macht, spricht sie: ›Wie die Haselbusch diesmal mein Schutz gewesen ist, so soll sie es auch in Zukunft anderen Menschen sein.‹ Darum ist seit den ältesten Zeiten ein grüner Haselzweig gegen Nattern, Schlangen und was sonst auf der Erde kriecht der sicherste Schutz.« (Kinder- und Hausmärchen, Jacob Grimm, Wilhelm Grimm (Brüder Grimm), 1812-15).

Im Mittelalter erwies man den Bäumen und Sträuchern seine Ehrfurcht auch dadurch, dass man sie ansprach. In ihnen lebten die Baumnymphen. Daher hatten alle Gehölze weibliche Namen. Das folgende Lied war im 16. Jahrhundert in Schlesien, an der Oder und in der Uckermark bekannt. Es wurde durch Hoffmann von Fallersleben überliefert:

Es wollt ein Mädl zum Tanze gehn
sie schmückt sich wunderschöne
was fand sie an dem Wege stehn
ein Hasel die war grüne.

Guten Tag guten Tag Frau Haselin
von was bist du so grüne
Schön Dank schön Dank feins Mädelein
von was bist du so schöne.

Von was dass ich so schöne bin
das kann ich dir wohl sagen
ich esse Semmel und trinke Wein
davon bin ich so schöne.

Von was dass ich so grüne bin
das kann ich dir wol sagen
frühmorgens fällt der Tau auf mich
davon bin ich so grüne.

Und n Mädel die will Ehre habn
zu Hause muss sie bleiben
sie muss sich zeitig schlafn legn
mit ihrem zarten Leibe.

Zum Tanze kann sie dennoch gehn
in Züchten und in Ehren
bei Sonnenschein dann wieder heim
das kann ihr Niemand wehren.

Corylus maxima LAMBERTSNUSS, BLUTHASEL

In vielen Gärten und Parks sind Bluthasel gepflanzt. Sie werden so wegen ihrer blutroten Blätter genannt. Dieser Strauch heißt *Corylus maxima* »Purpurea« und ist eine Varietät der Lambertsnuss. Die blutrote Farbe stammt von Anthocyanen, welche das Blattgrün überdecken. Man sagt, der rote Farbstoff sei für die Pflanzen wie eine Sonnenschutzcreme. Unter einem solchen Bluthasel an einem sonnigen Tag zu stehen, ist ein Erlebniss, die Blätter erscheinen leuchtend orangerot. Sehr sehr schön! Doch nicht alles, was Lambertsnuss heißt, hat rote Blätter. Es gibt sie auch mit grünen Blättern. Dann wird er häufig mit der »normalen« Hasel verwechselt. Reife Früchte enttarnen sie jedoch als Lambertsnuss, sind ihre Fruchtbecher doch viel länger als die der normalen Hasel. Auch ihre Cupula ist rot oder rötlich. Die Lambertsnuss kann bis fünf Meter hoch wachsen. Sie hat ihre Heimat in Südosteuropa und Westasien. Den Namen brachte sie aus einer norditalienischen Region, der Lombardei mit.

Corylus corlurna TÜRKISCHER BAUMHASEL

Außer der oft blutroten Lombardin ist in unseren Straßen und Parkanlagen ein Vertreter der Hasel aus der Türkei zu entdecken: der Baumhasel, *Corylus colurna*. Er ist der einzige Vertreter in der Gattung *Corylus*, welcher sich entschlossen hat, nicht als Strauch, sondern als Baum zu wachsen.

Der Baumhasel hat gute Chancen, an Straßen gepflanzt zu werden, wozu ja nicht jeder Baum geeignet ist. Er ist nicht so empfindlich und macht eine gute Figur. Wenn die Nüsse im Herbst reif werden, fallen sie nicht einzeln herunter. Sie bilden große Knäuel in den sehr zottigen Fruchtbechern. Spaziergänger bleiben stehen und fragen, was das sei. Sind die kleinen Nüsse entdeckt, folgt die nächste Frage, ob sie gegessen werden können. Ja, sie können und schmecken sogar sehr gut.

Crataegus spec.

Unser lieben Frauen Birnchen
Heinzerleinsdorn
Hagedorn

Crataegus laevigata Zweigriffeliger Weissdorn

Auch durch einen literarischen Text kann ein Baum oder Strauch zum Lieblingsgehölz werden. So geschehen mit einem Ausschnitt aus dem Roman »Auf der Suche nach der verlorenen Zeit« von Marcel Proust (1871-1922). Wie gut, dass uns Schriftsteller die Augen öffnen für die Schönheit und wunderbare Welt der Natur, hier mit der Beschreibung einer blühenden und duftenden Weißdornhecke in Tansonville nahe Illiers-Combray, südwestlich von Paris.

»Diese Hecken bildeten in meinen Augen eine unaufhörliche Folge von Kapellen, die unter dem Schmuck der wie auf Altären dargebotenen Blüten verschwanden; unter ihnen zeichnete die Sonne auf den Boden ein lichtes Gitterwerk, so als fiele ihr Schein durch ein Kirchenfenster; ihr Duft strömte sich so voll und überquellend aus, wie ich ihn vor dem Altar der Muttergottes stehend verspürt hatte, und die ebenso geschmückten Blüten trugen eine jede mit gleicher gedankenloser Miene ihr schimmerndes Strahlenbündel aus Staubgefäßen, feine glitzernde Rippen im spätgotischen Stil wie die, die in der Kirche das Gitter der Empore durchzogen oder die Kreuze der Buntglasfenster, die aber hier die weiße sinnliche Fülle von Erdbeerblüten hatten.« (Pflanzenpoesie: 246)

Verzaubert wurde ich von dem Gedicht »Merlin, o du alter Zaubrer« von Friedrich Georg Jünger (1898-1977) und dem dazu passenden Gemälde von Burne-Jones. Beide, Gedicht und Gemälde, führen uns in die Bretagne, südwestlich von Rennes. Hier gab und gibt es diesen zauberhaften Wald Brocéliandes, wo Niniane, die »Herrin vom See«, in einem undurchdringlichen Weißdorngebüsch Merlin einschloss.

Zuviel hast du ausgeplaudert,
und so bist du selbst verzaubert,
Wo der Wald am tiefsten schaudert.

Niniane hat so fest dich
In den Weißdorn eingeschlossen,
Dass allein den Weg sie findet
Durch die Blüten und die Sprossen.

Niemals wirst du diesen dichten
Waldverliesen dich entwinden,
und zu Brocéliandes grüner
Wildnis kann das Lied nur finden...

Auf dem Gemälde »Die Verführung von Merlin« von 1874 verewigte der britische Präraffaelit Burne-Jones den Zauberer Merlin in dem undurchdringlichen Weißdorngebüsch. Niniane, vielleicht in Burne-Jones Anspielung auf seine Geliebte Maria, lässt den Zauberer zurück.

Die üppigen weißen Blüten machten den Weißdorn zum Hochzeitsbaum. So war er bei den alten Griechen das Sinnbild ehelicher Vereinigung. Seine Blüten brachten Glück. Am Hochzeitstag trugen die Brautleute Weißdornzweige in ihren Händen. Mit brennenden Fackeln aus Weißdornholz führte man das junge Ehepaar zum Altar, wo das Gelübde der Treue und Liebe abgelegt wurde.

Bei den alten Römern soll das Hochzeitshaus mit Weißdornzweigen bekränzt worden sein. Der Braut wurde von jungen Mädchen ein mit Weißdornblüten gefüllter Korb übergeben, der das junge Ehepaar vor jedem Ungemach schützen sollte.

Mit den vielen Sträuchern und Bäumen, welche den »Dorn« im Namen haben, ist es sowohl im Volkstümlichen als auch im Botanischen nicht so einfach. Da gibt es Hage-, Sauer-, Rot-, Schwarz-, Weiß- sowie den Hahnenfußdorn. Bei unseren Weißdornarten handelt es sich um mehr oder weniger ausgeprägte Sprossdornen. Dazu kommen die Gehölze mit weißen Blüten, die unter dem Namen *Crategus* eine Zeitlang vereinigt waren, wie zum Beispiel die Mehlbeeren. Bis heute ist es auch für Botaniker schwierig, die einzelnen Arten zu bestimmen, besonders weil die Pflanzen das machen, was Pflanzenarten nicht tun sollten: sie kreuzen untereinander. Und was kommt dabei heraus? Eine Reihe von Mischlingen! Auf jeden Fall spielen Blattform und Blattrand bei der Bestimmung eine Rolle. In Deutschland sind drei Weißdornarten zuhause. Zur Unterscheidung der drei Arten sehe man sich die Blattformen an:

Zweigriffliger Weißdorn, *Crataegus laevigata* — Eingriffliger Weißdorn, *Crataegus monogyna* — Großkelchiger Weißdorn, *Crataegus rhipidophylla*

Bitte nicht erschrecken: der Rotdorn mit den karminroten gefüllten Blüten ist keine eigene Art, sondern eine Kulturform vom Zweigriffligen Weißdorn! Die Sorte »Paul's Scarlet« soll im Jahre 1858 bei Paul in Cheshunt nahe London entstanden sein. Es gibt Straßen, die seitlich nur mit Rotdorn bepflanzt sind. Wenn die Bäume blühen, ist es wie bei Heinrich Heine: »Ich wandle unter Blumen und blühe selber mit.«

Nun zu den Früchten. Zuvor der Hinweis, dass die Weißdorne zur Familie der Rosengewächse, *Rosaceae,* gehören. Wir haben es bei der Frucht nicht mit einer Beere zu tun, sondern mit einer Apfelfrucht! Das kleine Früchtchen des Weißdorns hat alles, um Apfel geheißen zu werden, nur nicht die Größe.

Wenn wir es genauer betrachten, sehen wir oben ein Krönchen, welches aus den Kelchblättern besteht – wie beim Apfel. Wenn wir die Frucht aufschneiden, sehen wir im Inneren die Samen, die Kerne, weswegen sie zum »Kernobst« gehören (aber das sagt keiner).

So wenig einfallsreich der Name des Strauches ist, den Früchtchen gaben unsere Vorfahren hübsche phantasievolle Namen, wie Hünnerebel (Hühneräpfel), Hünnerbibbelchen, Hünnerkirsche, auch Hünnerpötscheln u.a.. Die Hünner, die Hühner, waren die besten Abnehmer der Weißdornfrüchte.

In Notzeiten wurde aus den getrockneten Früchten Mehl gemahlen, die Kerne ergaben geröstet den Kaffeeersatz und die jungen Blätter wurden als Tabakersatz in der Pfeife geraucht.

Die »Folia Crataegi cum floribus«, die Blätter und Blüten, und die »Crataegi fructus«, die Früchte, werden als Tee zur Regulierung bei Blutdruckschwankungen getrunken und auch bei anderen Herzerkrankungen eingesetzt.

Den Text von Marcel Proust lesen, das Bild von Merlin und Niniane betrachten und mit Weißdorntee unserem Herzen schmeicheln: Was kann eine Pflanze mehr tun?

Daphne mezereum

Gemeiner Seidelbast
Scheisslorbeer
Ziolinta
Kellerhals
Päperbömmke

Mit dem Namen »Scheisslorbeer« für unseren Seidelbast gelangen wir zum botanischen Gattungsnamen »Daphne«. Wie das? Dazu machen wir einen Ausflug in die Antike. Dort gibt es den Mythos, dass die Nymphe Daphne auf der Flucht vor dem Gott Apollon in einen Lorbeer verwandelt wurde. Als Carl Linné im Jahre 1753 in »Species plantarum« der Pflanze den binären Namen gab, hatte er wohl die Ähnlichkeit der glänzenden Blätter zum Lorbeer festgestellt. Er gab ihr nicht den Namen des Lorbeers, sondern der Nymphe Daphne, die in den Lorbeer verwandelt worden war. Später stellte man fest, dass er sehr giftig und mit dem Lorbeer in dieser Hinsicht gar nicht zu vergleichen ist.

Auch dem alten Namen »Seidelbast« ist nicht so einfach auf die Spur zu kommen. Dazu gehen wir ins Mittelalter, schon damals wurde die Pflanze gern als Bienenweide geschätzt. »Zeidler« wurden damals Bienenväter, also Imker genannt und so bekam die Pflanze den Namen »Zidelpast«, was dann wohl zum Seidelbast wurde. Nach Jakob Grimm war die Pflanze namens »Ziolinta« und »Ziolindebast« dem Frühlingsgott Ziu geweiht und als Frühlingsblume gefeiert. Über die Knospen am Seidelbast freute sich schon Wilhelm Busch (1832-1908):

> Wenn ich [im Januar] im Garten spazierengehe,
> bemerk ich schon dies und das, was sich langsam anschickt zu blühen,
> z.B. die Christrose und der Seidelbast.
> Noch immer, so alt ich auch wurde,
> erscheint mir dergleichen doch neu und spaßhaft,
> wie vor 10 000 Jahren.

Dem Schriftsteller Friedrich Georg Jünger (1898-1977) war aufgefallen, dass die Blütenknospen des Seidelbasts am »kahlen« Holze sitzen:

In den feuchten Uferwäldern

Lichter färben sich die Knospen,
Die von Regentropfen sprühen.
Es beginnt am kahlen Holze
Schon der Seidelbast zu blühen.

Schnee liegt noch in weißen Flecken
An den Hängen und den Säumen,
Doch beginnt der Wald schon einen
Hellen Ostertraum zu träumen.
(»Ring der Jahre« 1954)

Am »kahlen« Holz, gut beobachtet. Botanisch wird dies als Stammblütigkeit (Cauliflorie) bezeichnet. Mitteleuropäische Gehölze mit Stammblütigkeit sind äußerst selten. Der Seidelbast scheint das einzige zu sein. Auffällig ist auch, dass die Laubblätter erst nach der Blüte erscheinen. Mit seiner rotvioletten Blütenfärbung zeigt sich der Seidelbast als eines der ersten blühenden Gehölze. Was so schön gefärbt ist, ist den Kelchblättern zuzuordnen. Der Seidelbast verzichtet auf Kronblätter.

Und was hat es mit dem nächsten eigenartigen Namen »Kellerhals« auf sich? Da nehmen wir uns das Artepitheton des Namens vor; *mezereum* stammt aus dem Arabischen und heißt soviel wie tödlich. Und so verwundert es nicht, dass wir in botanischen Gärten einen Totenkopf auf dem Pflanzenschild entdecken.

Also essen sollte man die schönen roten Früchte nicht. Irgend jemand muss sie wohl trotzdem schon mal ausprobiert haben. Danach stand der Name fest: »Pfefferblümchen« und »Päperbömmke«, da sie pfeffrig schmecken sollen. Und das schnürt den Hals zu. Wie der »Keller« in den Namen kam? Vielleicht vom mittelhochdeutschen »kellen«, »quälen«? Oder vom Hals, der ja von den Lippen abwärts betrachtet ein Keller ist?

Fagus sylvatica

Rotbuche

Die Rotbuche ist der Baum unseres Frühlingswaldes. Bevor diese schönen Waldbäume austreiben, leuchten ihre silbernen, glatten Stämme wie die Säulen einer Kirche. Das hat dem ältesten deutschen Buchenbestand in der Feldberger Seenlandschaft den Namen »Heilige Hallen« gebracht. Da die Buche sich Zeit mit dem Ausschlagen lässt, breiten sich Frühjahrsblüher wie Märzenbecher, Leberblümchen, Buschwindröschen unter ihr aus. Die tun auf dem sonnigen Rotbuchenwaldboden das, was getan werden muss: Blätter austreiben, Blüten bilden, sich Bestäubern anbieten. Sind die Frühlingsblüher befruchtet, geht es an die Früchtebildung. Auch für die Bildung von Speicherstoffen ist es noch Zeit also auch für den Transport in unterirdische Knollen, Zwiebeln und Rhizome. Wenn der Waldboden immer schattenreicher wird, können sich die Frühjahrsblüher zur Ruhe begeben und bis zum nächsten Frühling »schlafen«.

Eine Freude ist es, Anfang Mai die ersten Buchenblätter zu betrachten. Sie sind so zart, so hellgrün und so weich! Ihre braunen, harten Knospenblätter sind auf den Waldboden gefallen. Sie haben den Winter über das zarte Grün in ihrem Innern geschützt. Jetzt, wo warme Frühlingsregen sie zur Entfaltung bringen, dringen sie ans Sonnenlicht, um das zu tun, was die Voraussetzung für ein jegliches Leben auf der Erde ist: durch die Photosynthese Zucker zu produzieren. Zur Krönung ihrer Schönheit sind die Blattränder mit zauberhaften zarten Silberhärchen geschmückt. Mit Hu-

go von Hofmannsthal können wir angesichts solcher jungen Buchenblättchen ausrufen: »Wüßt ich genau, wie dies Blatt aus seinem Zweige herauskam, schwieg ich auf ewige Zeit still: denn ich wüsste genug.«

Ob und wie das Blatt aus dem Zweig kommt, hat sich die Buche bereits ein halbes Jahr zuvor »ausgedacht«. Sie hat in die Achseln der austreibenden Blätter die Achselknospen gesetzt.
In denen wird für das nächste Frühjahr alles vorbereitet, nämlich neue Triebe zu bilden mit neuen Blättchen. Das ist also das große »Mysterium!«

Typisch lang gestreckte Buchenknospe mit zahlreichen braunen schützenden Blättchen.

Wenn die Buche ihr Laubdach ausgebildet hat, wird es dunkel zu ihren Füßen. Jetzt gelangt nur noch wenig Sonnenlicht auf den Waldboden, es herrscht Halbschatten. Hoffen wir, dass die Nachzügler unter den Frühlingsblumen noch alles rechtzeitig geschafft haben!

Bei der Betrachtung einer voll belaubten großen Buche können wir uns fragen, wie viele Blätter sie wohl trägt: fünf- oder zehn- oder zweihunderttausend? Und keines ist wie das andere! So wie bei einer Rotbuche wird bei kaum einem anderen Baum ein so schönes Blattmosaik entwickelt. Das ist bemerkenswert. Ihre Blätter überdecken sich so gut wie gar nicht. Alle Blätter sollen genügend Sonnenlicht abbekommen. Es gibt aber bei der Buche Sonnenblätter und Schattenblätter. Letztere sind mit besonders viel Chlorophyll, Blattgrün, ausgestattet. So können sie trotz ihres Schattendasein so intensiv wie möglich Sonnenenergie für die Zuckerproduktion nutzen.
Der Austrieb der Blätter wird mit Erscheinen von gelbgrünen »Bommeln« begleitet. Diese Bommel sind männliche Blüten. Sie hängen an langen Stielchen von den Zweigen herab und können so im Wind bestens hin- und herschwaukeln und diesem ihre Pollen übergeben und zu den weiblichen Buchenblüten tragen lassen. Die weiblichen Blüten sitzen zurückgezogen zu zweit in der Cupula, dem Fruchtbecher, und warten auf den Pollenbesuch.
Ist das dichte Buchenblattdach ausgebildet, sind die weiblichen Blüten bestäubt, kann das Bucheckermachen beginnen. Der Baum wird nun von zahlreichen Bewohnern eingenommen. Bei dem Naturwissenschaftler Rudolf

Baumbach (1840-1905) sehen insbesondere Maus, Eichhörnchen, Specht und Vögel die Buche nun als ihr Zuhause an:

Mietegäste vier im Haus
Hat die alte Buche.
Tief im Keller wohnt die Maus,
Nagt am Hungertuche.

Stolz auf seinen roten Rock
Und gesparten Samen
sitzt ein Protz im ersten Stock;
Eichhorn ist sein Namen.

Weiter oben hat der Specht
Seine Werkstatt liegen,
Hackt und zimmert kunstgerecht,
Dass die Späne fliegen.

Auf dem Wipfel im Geäst
Pfeift ein winzig kleiner
Musikante froh im Nest.
Miete zahlt nicht einer.

Die Bucheckern reifen heran. Es sind jeweils zwei dreikantige Nüsse mit ölhaltigen Keimblättern, welche in der vierklappig aufspringenden, nun stacheligen Cupula sitzen und dort dicker und dicker werden. Solch eine Cupula hat die Buche mit der Esskastanie und der Eiche – alle zu den Buchengewächsen (*Fagaceae*) gehörend – gemeinsam. Nur dass diese Cupula bei der Esskastanie die Früchte stachlig umhüllt, während sie bei der Eiche aussieht wie eine Pfeife.

Die Bucheckern hatten auch andere schöne Namen, wie »Bückele« und »Kantnüsschen«. Die Früchte des Buchweizens sind ebenso dreieckig wie die Bucheckern und wurden danach benannt.

Früchte des Buchweizens

Im Spätherbst ist die Buche dann noch einmal sehr schön, wenn sie ein unvergleichliches Kleid aus leuchtend gelben und braunen Blättern trägt. Nach dem Blattfall kommt ihr silberner Stamm wieder voll zur Geltung. Wie kein anderer ist der Buchenstamm glatt und im schönsten Grau gehalten. Das Grau wird unterbrochen durch die »Elefantenknie«. Das sind die seit Jahrzehnten bzw. Jahrhunderten mitgewachsenen Narben der Blätter, die jedes Jahr mehr in die Breite gehen.

*D*ie Rotbuche ist unser wichtigster Laubbaum. Er wird bis vierzig Meter hoch und Hunderte von Jahren alt. »Rotbuche« heißt sie, weil ihr Holz rötlich ist.

Haben Sie schon mal einen Buchenkeimling gesehen, also das, was im Frühjahr aus den Bucheckern kriecht?

Daneben gibt es Rotbuchen, welche als »Blutbuchen« bekannt sind. Das Dunkelrot ihrer Blätter kommt durch Anthocyane zustande, die dem Blattgrün aufgelagert sind. Hermann Hesse schrieb: »Sie sah von weitem dunkelbraun und fast schwarz aus. Wenn man jedoch näher kam oder sich unter sie stellte und emporschaute, brannten alle Blätter der äußeren Zweige, vom Sonnenlichte durchdrungen, in einem warmen, leisen Purpurfeuer, das mit verhaltener und feierlich gedämpfter Glut wie in Kirchenfenstern leuchtete.«

Um die Wende zum zwanzigsten Jahrhundert war es Mode, auf einem größeren Villengrundstück eine einzelne Blutbuche zu pflanzen. Diese stand dann mächtig und stellvertretend für den »Hausherrn« da.

Blutbuchen waren heilige Bäume. Die Ursachen ihrer Verehrung reichen bis in die Zeit des Heidentums. Sie waren Opferbäume. An ihnen wurden die Schädel und Felle der geschlachteten Tiere aufgehängt. Im Laub rauschte der Gott. Die Priester deuteten aus dem Laub die Zukunft. Damit die altehrwürdigen Stämme nicht abstarben, wurden sie bei den Galliern mit dem Blut der Opfertiere begossen. In späterer Überlieferung flossen aus den Bäumen nach Verletzung blutige Tränen.

Sie waren »gefeite« Bäume, die nicht gefällt werden durften, denn sonst kam Hackelberend, ein Führer von Wotans Heer. Der jagte dem Baumfrevler große Schrecken ein, wie eine Sage aus Schlossau im Badischen erzählt: »Einst ging ein Mann um ein Uhr nachts in den Wald von Rodenberg, um von einer Buche Holz für Fackeln zu holen. Kaum hatte er den ersten Axtschlag getan, entstand ein fürchterliches Jagdgetöse, das bei den folgenden Schlägen immer näher und näher kam und jedenfalls von der wilden Jagd des Hackelberend herrührte. Der Mann erkannte, dass jene Buche ein gefeiter Baum sei. Er ließ von seinem Vorhaben ab. Der wüste Lärm verlor sich in der Ferne.«

Dem großen Baumliebhaber Hermann Hesse war aufgefallen, dass junge Buchen bis in den April hinein ihre dürren braunen Blätter festhielten. Als er nun in einem solchen Monat bei seinem geliebten Feuerchen stand »... sah ich es geschehen: Es erhob sich ein leiser sanfter Windhauch, ein Atemzug nur, und zu Hunderten und Tausenden wehten die so lang gesparten Blätter dahin, lautlos, leicht, willig, müde ihrer Ausdauer, müde ihres Trotzes und ihrer Tapferkeit.« (Aprilbrief, 1952)

Nicht nur junge Rotbuchen behalten ihre alten Blätter bis zum nächsten Frühling. Auch junge Eichen zeigen dieses Phänomen. Untersuchungen kamen zu dem Ergebnis, dass durch das Verbleiben der alten Blätter die empfindlichen Achselknospen der jungen Buche nicht so sehr dem Wind ausgesetzt werden. Dadurch wird Feuchtigkeitsverlust vermindert. Das alte Laub schützt junge Triebe. Andere meinen, dass bestimmte Bäume, welche bei uns heute sommergrün sind, früher immergrün gewesen seien und dies nicht vergessen haben.

Fraxinus excelsior

Gewöhnliche Esche
Vogelzungenbaum
Yggdrasil
Ask

Es gibt mehrere Gründe, warum dieser Baum auch ein Lieblingsbaum sein kann. Ein Grund ist, dass die Esche auch im Winter leicht zu erkennen ist: Sowohl Endknospen als auch die geliebten Achselknospen sind schwarz. Solch eine Knospenfärbung weist nur die Esche auf.

Andere Gründe sind in alten Geschichten zu finden, die sich um die Esche ranken. Die Esche führt uns zur Edda, der nordischen Sagensammlung. In der ist sie »Yggdrasil«, die wundersame Weltenesche. Dazu später mehr.

Blühend sehen wir die Esche nur dann, wenn wir darauf aufmerksam gemacht wurden. Die Eschenblüten sind unauffällig. Ihr Geheimnis liegt im Verborgenen.

Wie alle vom Wind bestäubten Pflanzen kann der Baum sich solche kleinen und farblich unscheinbaren Blüten erlauben. Sie erscheinen vor bzw. mit den Blättern. Auch ihre Früchte sind schmal und kurz, bis zirka dreieinhalb Zentimeter. Auffällig sind sie jedoch, da sie in Massen vom Baum hängen.

Unsere Vorfahren hatten schöne Namen für die Esche: So hieß sie in Österreich »Vogelzungenbaum«. An anderen Orten wusste man sogar, um welche Vogelzunge es sich handelte, dort hieß sie »Sperlingszungenbaum«. Der Name macht neugierig, hat man eine Vogelzunge doch so am Baum noch nicht gesehen. Betrachten wir also am Baum – nur was? Die Früchte sind es, die wohl am ehesten einer Vogel- respektive Spatzenzunge ähneln.

Frucht der Esche: So sieht eine Spatzenzunge aus.

Wir haben es hier mit raffinierten Spatzenzungen zu tun, wie es sie nur bei der Esche gibt. Sie sind nämlich wunderbare Flieger, die sich drehen und drehen, wenn sie sich vom Baum verabschieden. Die Frucht ist botanisch ein Nüsschen, d.h. eine Frucht mit harter Fruchtschale. Und dann hat sie noch diesen einzigen Flügel, welcher sie zur solch wunderbaren Drehung befähigt. Perfekt, diese einseitige Flügelnuss!

Ihr Blatt ist ein Fiederblatt, das heißt, dass es aus mehreren Blättchen, den Fiederblättchen, besteht. Diese Fiederblättchen stehen an einer Spindel und haben keine Achselknospen. Da am Ende des Blattes ein einzelnes Fiederblättchen steht, handelt es sich bei der Esche um ein unpaarig gefiedertes Blatt. Die flatternden Blätter hatten unsere Vorfahren im Blick, als sie die Esche auch »Fladerbaum« nannten.

Das Fiederblatt der Esche hat – was die Namensgebung und Erkennbarkeit betrifft – für Chaos gesorgt. So hat sich die »Esche« in einige andere Baumnamen geschlichen. Die noch nicht so fortgeschrittenen Baumliebhaber stehen vor Eberesche, Götterbaum, Eschenahorn, Kaukasische Flügelnuss, Essigbaum, u.a. und fragen sich, wie wohl der Baum heißt. Nach schwarzen Knospen schauen und die Esche finden!

Yggdrasil, der Weltenbaum! Er war »der erste der Bäume«, heißt es in der Edda. Bäume sollen aus den Haaren des Riesen Ymir entstanden sein, dessen Schädel das Himmelsdach bildete und seine Knochen das Gebirge.

Es soll eindeutig von einer Esche die Rede sein in der Edda. Doch auf Island gibt es heute keine Gewöhnlichen Eschen, nur zum Teil gewaltige Ebereschen (*Sorbus aucuparia*, s. Seite 116).

Hingegen gibt es mächtige Eschen in Estland, und auch andere Hinweise deuten darauf hin, dass die Edda in Estland entstand. Aber das sei dahingestellt. Uns interessiert die Geschichte, in welcher von der wundersamen Vorstellung erzählt wird, dass das erste Menschenpaar von angeschwemmten Hölzern abstammt. Die Götter sollen sie aus Aks und Embla, aus Esche und Ulme, geschaffen haben.

Die Heilige Hildegard, welche im 11. Jahrhundert lebte, schrieb von »Asca«, wenn sie die Esche meinte. Weitere alte Namen sind Aschbaum, Ask, Aesch und Aske. Der Name Esche ist davon abgeleitet. In der Edda steht, dass in der Mitte der Welt der immer grünende Welten- und Lebensbaum wuchs. Dieser Baum wird als riesig beschrieben:

er breite sich vom Himmel bis in die Tiefen der Unterwelt aus. »Drei Wurzeln gehen nach drei Seiten von der Esche Yggdrasil; Hel wohnt unter einer, unter der andern die Reifthursen, unter der dritten der Degen Volk«, heißt es im dritten Kapitel. An letzterer Wurzel nagt die Schlange Nidhöggr, was den Baum faulen lässt. In der Baumkrone weiden Hirsche und eine Ziege. Auf einem Ast sitzt der Adler. Ein Eichhörnchen läuft den Baum rauf und runter und überbringt Nachrichten zwischen Schlange und Adler. Neugierig geworden?

Weltenesche Yggdrasil, Isländische Handschrift, 17. Jahrhundert

Doch nicht nur in den nordischen Ländern entstanden Sagen um die Esche. Wundersames gibt es aus dem Kreis Geldern zu berichten. Dazu begeben wir uns ins 14. Jahrhundert, als die Menschen sehr religiös waren und Bäume in ihren Geschichten oft eine große Rolle spielten. Nach einer solchen fand man an der Stelle, wo jetzt die Kapelle in Aengenesch im Kreise Geldern steht, in einem Eschenbaum ein Muttergottesbild. Aus dem Baum wurde das Bild in die Pfarrkirche nach Winnekendonk, dem Pfarrorte von Aengenesch, gebracht. Aber jedes Mal fand das Bild wunderlicherweise wieder zurück in die Esche. Daher ließ man das Bild dort und erbaute eine Kapelle aus Holz. Die soll bis 1430 dort gestanden haben, und später durch die heutige ersetzt worden sein. Der Sage nach fanden Wallfahrten im 14., 15. und 16. Jahrhundert viele Prozessionen aus der Umgegend zu dieser Kapelle, wo man Schutz und Hilfe in mancherlei Nöten suchte. (Nach Nießen 2: 233)

Eschenholz ist bis heute gerne genutzt für weiß zu scheuernde Tischplatten in Küchen und Gstwirtschaften und vor allem als Material für stabile Stiele vom Äxten und Gartengeräten.

Hydrangea spec.

Hortensie

Sie war, so heisst es, die Lieblingsblume der Königin Luise. Noch heute können wir an den Standorten, welche mit der preußischen Königin verbunden sind, Hortensien finden, zum Beispiel am Mausoleum neben dem Schloss in Berlin-Charlottenburg. Hier fand die erst 34-jährige Königin ihre letzte Ruhestätte. Vom Mausoleum soll laut Wilhelm von Humboldt »der König die erste Zeichnung selbst gemacht und dann die Fassade von Schinkel zeichnen und ordnen lassen.« Weiter heißt es, dass der Bau mit Blumenbordüren aus weißen Rosen und Lilien umsäumt und mit Tannen, Zypressen und babylonischen Weiden umschlossen gewesen sein soll.

Falls Königin Luise die Hortensie als Lieblingsblume auserkoren hatte, dann muss es gleich nach deren Einführung in Preußen gewesen sein, lässt sich diese Pflanze doch erst ab 1808, also zwei Jahre vor dem Tode der Königin, in Berlin im Botanischen Garten nachweisen. Aber vielleicht hatte der rührige Hofgärtner Ferdinand Fintelmann auf der Pfaueninsel, auf der sich die Königsfamilie gerne und oft aufhielt, schon seine umfangreiche Hortensienkultur angelegt, und Königin Luise hat dort die Pflanze kennengelernt und lieb gewonnen.

Was mag sie an der Pflanze so geschätzt haben? Vielleicht waren es Größe und Farben der Blüten, diese »verwachsenen«, wie sie Rainer Maria Rilke 1906 in seinem Gedicht »Blaue Hortensie« beschrieb:

So wie das letzte Grün in Farbentiegeln
sind diese Blätter, trocken, stumpf und rauh,
hinter den Blütendolden, die ein Blau
nicht auf sich tragen, nur von ferne spiegeln.

Sie spiegeln es verweint und ungenau,
als wollten sie es wiederum verlieren,
und wie in alten blauen Briefpapieren
ist Gelb in ihnen, Violett und Grau.

Verwaschenes wie an einer Kinderschürze,
Nichtmehrgetragenes, dem nichts mehr geschieht:
wie fühlt man eines kleinen Lebens Kürze.

Doch plötzlich scheint das Blau sich zu verneuen
in einer von den Dolden, und man sieht
ein rührend Blaues sich vor Grünem freuen.

»Hortensie«, das hört sich nicht nur nach »Hortus« an, dem Garten, sondern auch nach einem weiblichen Vornamen. Es bieten sich gleich mehrere Frauen an, nach denen die Pflanze aus Japan genannt worden sein soll. Eine Version der Namensgebung handelt von einer mutigen Frau namens Hortense Barré, einer Französin. Die soll in männlicher Kleidung den Arzt und Botaniker Philibert Commerson (1727-1773) auf dessen Reisen begleitet haben. Auch soll sie auf der Reise dabei gewesen sein, welche Commerson mit Louis Antoine de Bougainville (1729-1811) in den Jahren 1766 bis 1769 im Auftrag des französischen Königs Ludwig XV. unternahm. Nach ihr soll Commerson die auf der Insel Mauritius entdeckte Pflanze benannt haben, kurz bevor er dort mit 45 Jahren starb. Barré setzte seine Arbeit, neu entdeckte Tier- und Pflanzenarten zu katalogisieren, fort.

Eine weitere Französin könnte Namensgeberin sein: Nicole-Reine Lepaute, genannt Hortense (1723-1788). Die Astronomin und Mathematikerin war ebenfalls mit Commerson befreundet.

Noch eine dritte gibt es, die Tochter des Prinzen von Nassau, Hortense de Nassau. Der Prinz soll ebenfalls Teilnehmer der Bougainville-Expedition gewesen sein.

Doch kommen wir zu der Kulturgeschichte der Pflanze. Es war das Jahr 1776, als der Botaniker Carl Peter Thunberg die Pflanze in Japan entdeckte. Er stellte sie 1784 in die Gattung *Viburnum*. Der berühmte englische Botaniker Joseph Banks aus Kew Gardens in London benannte die Pflanze im Jahre 1792 um; sie hieß nun *Hydrangea hortensis*. Dieser Name wurde 1830 nach den Nomenklaturregeln wieder geändert. Nun haben wir endlich den richtigen Namen *Hydrangea macrophylla*. Als Hortensie ist sie aber immer noch bekannt und beliebt.

Auch in Paris erregte sie Aufsehen. Sie wurde als Meisterstück der Blumenschöpfung angesehen und soll von Gärtnern bewacht worden sein.

Charakteristisch für den Halbstrauch sind die großen Blätter (daher das Artepitheton *macrophylla*) und die doldenartigen Blütenstände. Doch Blüten haben wir erst einmal nicht vor uns. Was groß und so schön gefärbt ist, sind Hochblätter! Bei manchen Hortensien können wir dies gut kennen. Die äußeren vier »Blüten« sind unfruchtbar, steril, mit stark vergrößerten, blütenblattartigen Hochblättern. Und die sind es, die so schön und auffällig in rosa, blauviolett oder weißlich gefärbt sind. Die vielen kleinen unscheinbaren Blüten in der Mitte sind die tatsächlichen Blüten. Mit diesen großen Randblüten werden die Bestäuber angelockt. Sind diese gelandet, entdecken sie die eigentlichen winzigen, unauffälligen Blütchen mit Staubblättern und Stempeln und verrichten ihre Arbeit.

Was haben die Züchter nicht alles versucht, um neue Blütenfarben und -größen zu kreieren! Bereits 1870 soll es zweihundert Gartensorten gegeben haben. Heute kann man Hortensien in fast allen Farben und Größen der kugeligen Blütenbälle kaufen. Die Blütenfarben kann man durch die Einstellung des pH-Wertes des Bodens verändern. Liegt dieser im sauren Bereich haben wir schöne blaue Hortensien zu erwarten; geben wir zum Beispiel Kalk in den Boden, wird sich die Blütenfarbe eher ins Pinkfarbene ändern.

Sehr beliebt sind die auffälligen Kletterhortensien *Hydrangea anomala* subsp. *petiolaris*, welche Mauern und kahle Baumstämme oder, wie auf dem Foto, das Hinterteil des Wapiti im Rosengarten im Berliner Tiergarten schmücken.

Das Klettervermögen, die Größe und Farben der Blütenblätter sowie die lange Blühdauer sind der Grund, warum der steife, nicht duftende und ohne Liebreiz ausgestattete Strauch – wie Kritiker die Pflanze auch charakterisieren – bis heute sehr beliebt ist.

Schöner als jeder Botaniker beschreiben Schriftsteller die Farben der Hortensie. Hier ist es Karl Krolow (1915-1999): »Hortensien blühen vor einer hellen Hauswand. Ihr mattes Rot, die morbiden Lila-Töne, die Einsprengsel eines mondhaften Silberblaus: das ist asphodelisch. (...) Ihr bleichsüchtiges Blühen in vom Regen gewaschenen Farben – man nennt sie nicht zufällig den Wasserstrauch – hinterlässt den Eindruck von zuviel Mondlicht und Jugendstil, auch von zuviel spätem Benn. (...) Blumen der Weltangst, der Leere, und also: dekorativ! Die Blüten ziehen ihre Stiele zu Boden, in den sommerlichen Regen, in dem nur noch die Schirme der Gönnerinnen dekorativer Schwermut leuchten.« (K. Krolow, Minutenaufzeichnungen)

Juniperus communis

Frau Kranewitt
Machandelboom
Queckholder
Wach-holde-strauch
Jeneverboom

Einhundertfünfzig Namen für den Wacholder könnten hier aufgelistet werden – ein Indiz dafür, dass der Wacholder bei unseren Vorfahren schon vor langer Zeit geschätzt und beliebt war.

Da gibt es die »Frau Kranewitt«, um die herum zwanzig Namen versammelt sind, wie Chranavitu, Chranbaum. Diese Namen stammen wohl von chrana-witu, Beerenholz, ab. Um den Namen »Machandelbom« ranken sich Jachandel und Machholder. Dem Queckholder sind namensverwandt Reckholder und Weckholder. Die Krabatstude, der Rehbaum oder Ziststruk nehmen Extraplätze ein. Der althochdeutsche Name Wecholter verweist auf einen wachen, immergrünen Baum, der Queckholder auf queck und quicklebendig. So spitz und pieksig wie die nadelförmigen Blättchen des Wacholders sind keine Nadeln anderer Nadelgehölze. Dem Pieksen mit den Nadeln entsprechen »queck« und »wach«.

Die meisten Namen veränderten sich oder verschwanden im Laufe der Jahrhunderte. Geblieben ist der Wacholder, mit dessen »Beeren« wir zum Beispiel das Sauerkraut oder den Rotkohl würzen.

Namen und Geschichten von Pflanzen basieren meist auf botanischen Eigenheiten. Wie alle Nadelgehölze ist der Wacholder ein »Nacktsamer«, das heißt, der Same ist nackt, ohne Fruchtschale. Es gibt keine Früchte, sondern nur Samen. Die sind mit ihren »Tragblättern« verwachsen und täuschen so Beeren vor; botanisch nennt man diese »Zapfenbeeren«.

Auf den Frauen-Wacholdern sind bis in den Frühling hinein zwei Jahrgänge zu sehen: grüne von diesem Jahr und blauschwarze vom vergangenen Jahr. Diese lange Reifezeit führte zur dänischen Redensart: »Unsere gesamten Wünsche werden nur dann erfüllt, wenn alle Wacholderbeeren zur gleichen Zeit reifen.«

Wenn der Wacholder in den Heiden Mitteleuropas blüht, wird beim Männer-Wacholder ein Schwefelregen ausgelöst. Diese Pollenwolke wird auch »Heidesegen«, »Blütenrauch« und »Gnadenregen« genannt.

Männliche Blüten

Weibliche Blüten

Die Pollenreise endet bei den Frauen-Wacholdern. Wie es zur Trennung von Männern und Frauen beim Wacholder kam, schildert die folgende Sage: »Als Gott die ersten zwei Wacholderstauden schuf, schuf er sie als Brüderchen und Schwesterchen. Dem Brüderchen gab er nur die Staubfäden, dem Schwesterchen nur die Narben mit den Fruchtknoten. Da hatten nun die Staubfäden einen weiten Weg zum Schwesterchen, und dazu waren sie noch angewachsen. Wer sollte nun den Blütenstaub hinüber tragen, damit runde Beeren entstünden? Da bot sich der Wind freundlich als Bote an. Er wehte über die Staubfäden hin und nahm den Blütenstaub von ihnen und führte ihn durch die Luft zur Schwester hin. Die aber lag noch im tiefen Schlaf und hatte die Augen fest zu:

Wach auf, mein Schatz, wach auf!
Ich komm in schnellem Lauf,
Ich bring dir frische Blumenstäubchen,
Wach auf und sei kein Schlafhäubchen,
Wach auf! Wach, Holde, auf!

Die anderen Blumen hörten die letzten Worte und meinten, es sei der Name der Langschläferin. Darum nannten sie den Strauch Wach-holde-strauch, Wacholderstrauch.« (Nießen Bd.1: 195)

In dem Märchen »Der Machandelboom« der Gebrüder Grimm geht es um eine Frau, die gerne Wacholderbeeren aß, sowie um einen Knaben, ein Mädchen und einen Vogel. Das Märchen beginnt mit dem größten Wunsch der Frau. Sie möchte ein Kind haben, weiß wie Schnee und rot wie Blut. Sie steht am Machandelbaum und isst und isst die »Beeren«. Nach einer Zeit gebiert sie einen Knaben. Die Frau stirbt bald danach; nur um einen letzten Wunsch bittet sie »... begrabe mich unter dem Machandelbaum«. Bald kommt eine Stiefmutter ins Haus. Die ist dem Knaben nicht gut gesonnen und will ihn los werden, besonders nachdem sie selbst ein Mädchen zur Welt gebracht hat. So verspricht die Stiefmutter dem Knaben einen Apfel; doch als dieser seinen Kopf in die Apfeltruhe steckt, schlägt sie den Deckel zu, und der Kopf des Knaben ist abgeschlagen.

Aus den Neuruppiner Bilderbogen: »Das Märchen vom Machandelbaum«

Ihrer Tochter spricht sie die Schuld am Tod des Bruders zu. Sie kocht aus dem toten Knaben das Gericht Schwarzsauer und setzt es dem Vater vor. Der möchte immer mehr davon; »... das ist, als ob das alles mein wäre«, sagt er. Das weinende Schwesterchen sammelt die Knochen des Bruders, welche der Vater unter den Tisch geworfenhat, und legt diese unter den Machandelbaum. Da steigt aus dem Baum ein Vogel auf und singt:

Mein Mutter die mich schlacht,
mein Vater der mich aß,
mein Schwester das Marlenichen

sucht alle meine Benichen,
bindt sie in ein seiden Tuch,
legt's unter den Machandelbaum.
Kiwitt, kiwitt, wat vör'n schön Vagel bün ik!

Kurz und gut, das Märchen geht so aus, wie eben Märchen ausgehen. Die Stiefmutter stirbt, Schwester und Vater werden beschenkt, und aus dem Vogel wird wieder der Knabe.

Johann Wolfgang von Goethe war so von diesem Märchen angetan, dass er es in seinem »Faust« verewigte: »Mein Schwesterlein klein – Hub auf die Bein – An einem kühlen Ort; Da ward ich ein schönes Waldvögelein; Fliege fort, fliege fort!«

Ob Goethe aus diesem Grunde seinen uralten Wacholderbaum im Garten so schätzte? Der Platz unter ihm war ihm »Wüste«, dort war er allein für sich, und daher der richtige Platz zum Erholen. So schrieb er im Juni 1777 an Charlotte von Stein: »Heute will ich in die Wüste fliehen, mich lagern unterm Wacholderbaum.«

Im Januar 1809 warf ein Wintersturm den geliebten Wacholder um. Goethe schrieb: »Der alte Wacholderbaum im untern Garten ist umgestürzt worden. Wir haben ihn gestern gemessen, er hat eine Höhe von 43 Fuß [1 Fuß = 30,5 Zentimeter, R.G.] erreicht. Das brauchbare Holz davon will ich ausschneiden lassen, damit wir sein Andenken in irgend einem Hausrat bewahren.« Aus dem duftenden Holz ließ Goethe verschiedene Gegenstände fertigen, so eine Dose, die er einem Freund schenkte.

Auch ein Vogel ist nach dem Wacholder benannt, die Wacholderdrossel, auch Krammetsvogel und auch *Turdus pilaris*, genannt. Sie mag Regenwürmer, Schnecken, Insekten und – Früchte. Sie sitzt in Ebereschen und auf der Zwergmispel. Auch im pieksigen Wacholder?

Der Vogel muss gut geschmeckt haben, so oft wie er als Leckerbissen in der Literatur (meist als Krammetsvogel) erwähnt ist.

Zurück zum Wacholder, seinen Beeren und Nadeln. Wir sehen auf jeder Wacholderbeere ein weißes Kreuz, das auch Anlass zu vielen Sagen gab. Doch wie kam das Kreuz dorthin? Die Botanik sagt dazu: Der

Der Wacholder hat Zapfen, wie es sich für ein Nadelgehölz gehört. Aber er sieht nicht wie ein Fichten- oder Lärchenzapfen aus; er ähnelt einer Beere; er ist dreiteilig und beherbergt drei Samen. Am oberen Ende des »Beerenzapfens« ist ein dreiteiliges Kreuzchen zu entdecken. Das sind die Verwachsungsnähte der drei Tragblätter!

Die pieksigen Nadeln haben auch etwas Gutes: Sie schützten vor Hexen und Dämonen. Das taten auch die guten Geister, die im Wacholder hausten. Doch musste ihnen Respekt und Ehrerbietung entgegen gebracht werden, zum Beispiel indem man das Knie beugte, ging man am Wacholder vorüber. Abgeschlagen werden durfte er schon gar nicht. Schutz benötigten sowohl Menschen wie Tiere. Trug der Fuhrmann einen Peitschenstiel aus Wacholderholz, konnte niemand seine Pferde bannen. Butterte die Bäuerin mit einem kräftigen Wacholderstab, gelang die Butter. Der Bauer rauchte gerne aus einer Pfeife vom Wacholderholz; wahrscheinlich roch der Rauch dann auch ganz wunderbar.

Mithilfe des Wacholders konnte auch Diebesgut zurück erlangt werden. Dazu war folgendes zu tun: vor Sonnenaufgang wurden Wacholderzweige mit der linken Hand nach Osten bis zur Erde niedergestreckt, darauf ein Stein gelegt und gesprochen:

Wacholderstrauch, ich tu dich bücken und drücken,
bis der Dieb sein gestohlenes Gut wiedergebracht hat.

Hatte der Dieb das Gestohlene zurückgegeben, war es wichtig, den Stein genau an seinen alten Platz zurück zu legen. Auf ähnliche Weise wurden Warzen und Hühneraugen vertrieben.

Die ätherischen Öle in Beeren, Blättern und Zweigen des Wacholders haben einen angenehm würzigen Geruch. Mit ihm wurde gegen Pest, Pocken und andere Krankheiten vorgegangen. Bei der Leichenwäsche war es gut, etwas »Fructus Juniperi« (Wacholderbeere) ins Waschwasser zu tun. Vor dem Verbrennen von Toten wurden diese auf »Lignum Juniperi«, Wacholderzweige, gelegt. Bei den alten Germanen war Wacholderholz geheiligtes Holz. Man fand seine Asche auf Begräbnisstätten.

Besonders in den Kräuterbüchern des 16. Jahrhunderts wurden Wacholderbeeren aufs Höchste gelobt. Hieronymus Bock war von ihren Heilungskräften so angetan, dass er schrieb »die würkung u. tugend des Weckholterbaumes seind zu beschreiben nit wol möglich.«

In der Kirche kamen Wacholderbeeren beim Räuchern zum Einsatz. In Westfalen hießen die Beeren deshalb auch »Weyeckeln« (Weihbeeren). Fleisch und Fisch wurden mit seinem Holz geräuchert und haltbar gemacht. Für Liebhaber »geistiger« Getränke sei hier auf den Jeneverboom verwiesen. Aus den »Beeren« werden Wacholderschnäpse, aus destilliertem Wacholderöl Genever, Gin und Likör hergestellt.

Rezept Wacholderrahmsoße

1 Esslöffel Butter zergehen lassen, 5 zerstoßene Wacholderbeeren dazugeben und alles mit 1 Esslöffel Mehl überstäuben. Mit Gemüsebrühe aufgießen und aufkochen. Dann das Ganze durch ein Sieb geben, mit einem halben Becher Sahne verrühren, erwärmen (nicht kochen). Fertig.

Kolkwitzia amabilis

Perlmuttstrauch

Wenn man Kolkwitz heisst, wie eine Nachbarin, dann muss eine *Kolkwitzia* in den Garten gepflanzt sein. So ist es. Wenn ein Strauch den Namen »Perlmuttstrauch« trägt, muss man ihn schon wegen seines Namens mögen. Und dann noch dieses Artepitheton *amabilis*! Lieblich ist die *Kolkwitzia* besonders, wenn sie blüht. Dann sehen wir, was eine Blüte so alles tut, um Bestäuber anzulocken: Schöne Farben, hilfreiche Muster für die Insekten, diese zum Nektar zu führen, Härchen für die Bestäubung! »Amabilis« ist die zartrosafarbene Blüte mit dem Muster in Gelb und den winzigen Härchen im »Schlund«. Diese zarten Farben führten zu dem Namen »Perlmuttstrauch«. Die Perle im Namen resultiert aus dem, was aus Perlmutt gemacht wurde und noch wird: Perlen. In Muscheln und Austern werden nicht nur echte Perlen gefunden, sondern im Schaleninnern der Weichtiere ist eine Schicht, welche in unterschiedlichen Farbtönen schillert. Bei unserer Perlmuttpflanze schillert es allerdings nicht, aber die Farben! Die Farben!

Es gehört zu den Geißblattgewächsen, *Caprifoliaceae,* und stammt aus China. Als Zierstrauch schmückt nun der Strauch unsere Parks und Gärten. Gerne wird sie mit der Weigelie verwechselt. Dann hilft nur eines: bitte in und um die Blüten herum schauen!

Kolkwitzblüten sind »zygomorph«, anders ausgedrückt »dorsiventral« oder »monosymmetrisch«. Alles klar? Solch eine Blüte verfügt nur über eine einzige Symmetrieebene, besteht also aus zwei spiegelgleichen Hälften. Vielleicht nehmen Sie sich das Stiefmütterchen zum Vorbild. Auch das hat zygomorphe Blüten ganz im Gegensatz zu den Blüten der Weigelie, die »radiärsymmetrische« Blüten hat, welche mehrere Symmetrieebenen aufweisen.

Zygomorphe Blüte der Kolkwitzie

Radiärsymmetrische Blüte der Weigelie

Eine Kolkwitzienblüte steht niemals allein. Immer sind ihre Geschwister gemeinsam am Ende der Seitenzweige um sie versammelt. Die Blütenknospen warten in schönstes Rosa gebettet darauf, sich öffnen zu können. Fünf Kronblätter präsentieren sich dann mit zwei Kronlippen, eine obere mit zwei Kronlappen und eine untere Kronlippe mit drei Kronlappen. Wir schauen in den »Schlund« und sehen die kleinen Härchen und die gelb-orange Zeichnung in Punkten und Streifen. Wunderschön!

Die vier Staubblätter haben sich der oberen Kronlippe angelegt. Und dann sind da noch die borstigen Bestandteile unterhalb der Blüte. Die verbleiben bis zur Fruchtreife hier und verholzen sogar. So etwas tut eine Weigelie nicht.

Früchte mit verholzten Borsten

Nach den verholzten Borsten, welche die Früchte umgeben, erhielt die Kolkwitzie in China ihren Namen: wèi shí. Wèi bedeutet Igel, shí Früchte.

Interessant ist die Geschichte, wie die Kolkwitzie von China zu uns kam und nach wem sie benannt ist. Es war der italienische Pater Giuseppe Giraldi, welcher sich von 1890 bis 1895 als Missionar in der chinesischen Provinz Shaanxi aufhielt. Er entdeckte den Strauch, machte das, was alle Pflanzensammler machen, er legte »Belege« an. Eine Beleg-Sammlung gelangte nach Florenz, von wo aus sie zur Bestimmung an das Botanische Museum nach Berlin-Schöneberg geschickt wurde. Dr. Paul Graebner erkannte die Pflanze als eine neue Art. Graebner beschrieb die Pflanze; dazu benötigte er einen Namen. Er nahm den seines Freundes Richard Kolkwitz, der später als Mitbegründer der Abwasserbiologie berühmt wurde. Graebner selber ist als »Autor« des Namens verewigt. Hinter dem botanischen Pflanzennamen steht seine genormte Namensabkürzung: Graebn. So sind die beiden Freunde in der Pflanze vereint. »Kolkwitz« selbst geht auf das sorbische Kolkwitz bei Cottbus zurück.

Eine lebende Kolkwitzie war bis zu diesem Zeitpunkt in Europa noch unbekannt. Das änderte sich um 1900, als der Pflanzensammler Ernest Henry Wilson Samen aus der Provinz Hubei nach England sandte, wo sie in einer Gärtnerei ausgesät wurden. Als die Pflanze in Kew Gardens landete, löste sie erst einmal keine große Begeisterung aus. Aber dann! Es war das Jahr 1910, als die ersten Blüten erschienen und die Kolkwitzie ihre Pracht präsentierte.

In den USA wurde sie sogar »Beauty Bush« genannt. Nun war auch der Weg nach Deutschland offen, wo sie um 1930 weit verbreitet war.

Nur eines fehlt noch: ein schönes Gedicht über diese *amabilis*. Doch dazu ist die Pflanze noch nicht lange genug bei uns. Und aus China mitgebracht hat sie leider kein Gedicht.

Lonicera caprifolium

Je länger je lieber

Namen wie »Wohlriechendes Geissblatt« oder das englische »Honeysuckle«, vielleicht übersetzt mit »Honignuckel«, machen neugierig auf Geschichten. Einzigartig ist »Honeysuckle« in den Versen von Shakespeare:

Sleep thou, and I will wind thee in my arms.
So doth the Woodbine the sweet Honeysuckle
Gently entwist; the Female Ivy so
Enrings the barky fingers of the Elm

Schlaf du! Dich soll indes mein Arm umwinden.
So lind umflicht mit süßen Blütenranken
Das Geißblatt; so umzingelt, weiblich zart,
Das Efeu seines Ulmbaums raue Finger

Das lässt Shakespeare im »Sommernachtstraum« die Elfenkönigin Titania zu ihrem Liebsten sagen. In England war das duftende Geißblatt schon zu Zeiten Shakespeares (1564-1616) äußerst beliebt. Auch die Maler wandten sich diesem Gewächs zu. In den Niederlanden tat dies Peter Paul Rubens (1577-1640). In England war der Maler Thomas Gainsborough (1727-788) von der »Sweet Honeysuckle« angetan. Doch sie malten nicht das Geißblatt allein, sondern eine Geißblattlaube, in der sie sich mit ihren Frauen trafen.

In der Ballade »Das Lied vom Geißblatt« wird das Geißblatt als eine den Hasel umwindende Pflanze besungen. Das Lied aus dem 12. Jahr-

Peter Paul Rubens, »Rubens und Isabella Brant in der Geißblattlaube«, um 1609

hundert stammt von Marie de France, einer französischsprachigen Dichterin in England. Hasel und Geißblatt, das sind Tristan und Isolde. So wie das Geißblatt den Hasel umarmt, können auch die beiden Liebenden nicht ohne einander sein. König Marke von Cornwall sandte Tristan, seinen Neffen, aus, um seine Braut, Isolde von Irland mit dem goldenen Haar, heimzuholen. Auf dem Schiff tranken beide aus einem Krug. Als sie sich in die Augen sahen, war ihr Schicksal besiegelt. Sie blieben bis zum Tod in Liebe vereint. Doch Tristan wurde verbannt. Von Sehnsucht getrieben gelangte er wieder nach Cornwall. Hier vernahm er, dass König Marke sich mit Isolde auf ein Fest begeben wollte. Mitten auf den Weg steckte er einen Haselzweig. Was das bedeutete, wusste nur Isolde. Sie erkannte das Zeichen. Tristan war hier. Sie erwartete ihn im Wald. Wo er ihr bekannte, es sei mit ihnen wie mit dem Haselzweig und dem Geißblatt: Umeinander geschlungen können sie lange leben. Wenn man sie jedoch trenne, stürbe die Hasel und das Geißblatt auch. Doch der Abschied war unausweichlich. Tristan, der Sänger und Harfenspieler, versuchte sein Liebesleid in dem »Lied vom Geißblatt« zu mildern:

Gleichwie der Geißblattschoß der schwanke,
Der um den Haselstrauch sich ranke,
Wenn er sich an ihm aufgeschwungen

Und völlig seinen Stamm umschlungen,
So dauern wohl die Beiden,
Doch wollte man sie scheiden,
So welkte schnell der Haselstrauch,
Die Geißblattranke stürbe auch.

Bei den Verliebten Daphnis und Chloe hatte das Geißblatt eine andere Bedeutung. Hier war die Blühzeit von Bedeutung: »Vorzeiten blühte das Geißblatt nur kurze Zeit, wie die übrigen Kinder der Flora. Aber da wohnten einmal zwei Verlobte: Daphnis und Chloe, weit voneinander getrennt. Sie konnten sich nur selten sehen und sprechen.

Einstmals im Frühling kam die alte Lycinna mit ihrer Tochter Chloe und besuchte ihre Jugendfreundin, Daphnis Mutter. Sie saß gerade in einer blühenden Geißblattlaube ihres Gartens, als die lieben Freundinnen sie überraschten. Da fragte Daphnis die gute Lycinna, ob sie recht lange bei ihnen bleiben wolle. Scherzend antwortete jene: sie solle bleiben, bis das Geißblatt verblüht wäre. Diese Worte merkte sich Daphnis. Als es finster geworden war, ging er nach dem nahen Hain, wo ein Hirte die Göttin der Liebe aus glänzendem Buchsbaum geschnitzt hatte. Diese bat er:

Lass das Geißblatt lange blühen und duften dieses Jahr,
denn mit ihm verwelken meine Freuden.
Zwei große Tauben gelobe ich dir und frische Kränze jeden Abend,
wenn du meine Bitte erhörst.

Die Göttin erhörte ihn und ließ das Geißblatt blühen und duften bis in den späten Sommer. So hielt Daphnis seine Gäste fest bei ihrem Worte und genoss lange die Nähe seiner Geliebten. Damals nannte er es zum ersten Mal: Jelängerjelieber. Bis in unsere Zeit behielt es seine lange Blühzeit und den schönen Namen.« (Reling & Bohnhorst: 304f)

»Jelängerjelieber«, unter diesem Namen kennen die Blumenfreunde den Strauch. Angesichts der Winde könnte man erst einmal denken, der Name beziehe sich auf die Länge der Pflanze. Immerhin kann sie über zehn Meter lang werden. Aus der Geschichte von Daphnis und Chloe wissen wir, dass es sich um die Blühzeit handelt. Die reicht von Mai bis Juli.

Auffällig an ihr sind im unteren Bereich die gestielten Blätter, welche sich gegenüber stehen (»gegenständig« nennt man das). Im oberen Bereich sind die Blätter nicht gestielt, sondern zusammengewachsen; sie sind »perfoliate«. Das »durchwachsen« fand auch im Namen einen Platz. Als »Durchwachsene Specklilie« machte sich die Pflanze ab 1660 in den kurfürstlich brandenburgischen Gärten breit und eroberte auch bürgerliche Gärten. Doch wo ist der durchwachsene Speck? Wo die Lilie? Vielleicht wurden die Blätter als speckig angesehen und die Blüten so schön wie Lilien?

Die Frage ist noch offen, warum es eine Geißblattlaube sein musste, in der sich die Verliebten trafen. Sie trafen sich nicht tagsüber, sondern wenn die Dämmerung hereinbrach, wenn die Blüten sich öffneten und ihren lieblichen Duft verströmten.

Bei Betrachtung der eigenwillig gefärbten und wunderschön geformten Blüten fällt die lange Kronröhre auf. Tief unten in ihr ist der Nektar verborgen, wartend auf ein Insekt, welches nur mit langem Rüssel erfolgreich sein kann und wenn es des Nachts unterwegs ist.

Wegen dieses Duftes war die Pflanze 1773 von Johann Gottlieb Gleditsch (1714-1786), Direktor des Botanischen Gartens in Berlin-Schöneberg, empfohlen worden »wegen der des Abends besonders wohl und lilienartig berückenden schönen Blumen«. Und sie kommen, die Nachtschmetterlinge, die Schwärmer, mit ihren langen Rüsseln. Frei schwirrend stehen sie vor den Blüten. Das können andere Insekten nicht ohne ihr Leben aufs Spiel zu setzen. Sie würden – da die Innenflächen der Blütenzipfeln mit einem Ölfilm überzogen sind – in die Kronröhre rutschen und nicht mehr hinaus gelangen. Doch unsere Schwärmer saugen bzw. nuckeln den »Honig«. Nun ist klar, warum in England die Pflanze »Honeysuckle« genannt wird.

Früchte in den zusammengewachsenen Blättern

Diese aus Südeuropa stammende Kletterpflanze aus der Familie der Geißblattgewächse *(Caprifoliaceae)* hat den botanischen Gattungsname *Lonicera*. Der ist schnell erklärt. 1703 gab der französische Botaniker Charles Plumier (1646-1704) der Pflanzengruppe diesen Namen. Er ehrte damit den Botaniker, Mathematiker und Arzt Adam Lonicer (1528-86). Carl von Linné übernahm den Namen 1753 in seiner »Species plantarum«.

Frontispiz des Kreuterbuchs von Adam Lonitzer, 1577

Lonicera hatte sich dadurch verdient gemacht, dass er in seinen Kräuterbüchern, welche er ab 1550 verfasste, die Pflanzen der heimischen Flora auch nach medizinisch-pharmazeutischen Wirkungen beschrieb. Das hatte es in der damaligen Zeit nur in anderen Sprachen gegeben.

Das Epitheton *caprifolium* erinnert an »capra«, die Ziege, die frühere Geiß (was für ein schöner Name!). Die Ziegen fraßen wohl gerne die Blätter, vielleicht auch die Blüten?

Später wurde die gesamte Pflanzenfamilie vom französischen Botaniker Antoine-Laurent de Jussieu (1748-1836) *Caprifoliaceae* genannt. Das war 1789.

Larix decidua

Europäische Lärche

Bis Mitte März schläft noch alles an den Zweigen der Lärche. Aber alles ist auch schon da! Wenn auch nur als Knubbel. In den einen Knubbeln verstecken sich die weiblichen Blüten, in den anderen Knubbeln die männlichen Blüten; und dann gibt es noch die Knubbeln, aus denen es bald grün hervor lugt. Wo sich die Knubbel am Zweig befinden und wie sie sich ausgerichtet haben, verweist darauf, was aus ihnen einmal wird.

Stehen sie aufrecht, sind einen Zentimeter lang, können wir weibliche Blüten erwarten. Ein wenig Rot ist auch bereits zu sehen. Dann zur Blütezeit sind sie in schönstes Rot gekleidet. Später stehen sie als braune Zapfen aufrecht an den Zweigen.

In Zapfen reifen die Samen heran, nackt, ohne Fruchtblatt
Weiter unten: ein Kurztrieb,erkennbar an den vielen braunen Narben

Stehen die Knubbel nach unten gerichtet am Zweig und lassen Gelbliches durchblicken, haben wir männliche Blütenstände vor uns, bis sechs Millimeter lang und eiförmig. Bald werden ihre Pollen durch den Wind davon getragen.

Und dann sind da noch die winzigen Blättchen; alle sind noch versteckt in den kleinsten Knubbeln. Wenn man die braunen Deckblättchen vorsichtig an die Seite schiebt, kommt als Blattpinselchen Lärchengrün zum Vorschein.

Lärchenblüte bedeutet Frühling, wenn außer Kornelkirsche und Zaubernuss noch kein Gehölz blüht! Das große Versprechen, dass es bald soweit ist. Und aus den

kleinsten Knubbeln strecken sich vorsichtig die vielen lärchengrünen Nadelblättchen in Pinselform der Sonne entgegen. Nun haben wir die »Katze-tätzche« vor uns, wie die mit jungen Nadelbüschen besetzten Zweige im Rheinland genannt wurden.

Probieren Sie mal die jungen Blättchen! Ein bisschen sauer, ein bisschen wie Zitrone. Besonders gut schmecken sie im Quark. Oder Sie machen es wie die Kinder früher. Die pflückten die frischen grünen Sprossen der Lärche in etwa dreißig Zentimeter Länge ab, steckten den Zweig zwischen die Zähne und schoben mit der Hand die sich leicht lösende Rinde mit dem anhaftenden Grün zu einem Klumpen an der Spitze zusammen. Dann haben Sie einen richtigen »Plumpsack« in der Hand. Er riecht auch gut. Aus der Rinde wird das Terpentin gewonnen, was in Italien als »Venezianisches Terpentin« zu kaufen ist.

Nun geht es mit Riesenschritten vorwärts: bestäubt und befruchtet entwickeln sich die Zäpfchen; ihre schöne rote Farbe verschwindet, aber aufrecht stehen sie, bis sie im übernächsten Jahr »Adieu« zum Baum sagen. Die männlichen Blütchen sind ihrer Aufgabe gerecht geworden und verbleiben pollenentleert als kleiner dunkler Knubbel am Zweig. Aber die Blätterbüschel stehen schon bereit für ihre Aufgabe, nun mittels Photosynthese in ihrem Blattgrün für die Energieversorgung des gesamten Baumes zu sorgen. Und der soll eine Höhe bis zu 54 Meter erreichen können! Der höchste Berliner Baum ist eine Lärche im Tegeler Forst. Sie wurde vor zirka 220 Jahren gepflanzt und ist nun über mehr als 45 Meter hoch. Eventuell hat sie noch an die vierhundert Jahre vor sich. So alt sollen Lärchen werden können. Gepflanzt wurde die Berliner Lärche vom Samenhändler und Forstrat von Burgsdorff.

Die Samen auf den Samenblättern im Zapfen reifen erst im nächsten Frühling heran. Sie müssen, wie bei allen Nadelgehölzen üblich, ohne Fruchtschale auskommen, diese Nacktsamer! Aber dafür haben sie Flügelchen, wenn auch nur winzige. Wird ein reifer Zapfen sachte geklopft, fallen geflügelte Samen heraus. Allerliebst!

Samen mit Flügelchen

Nackt liegen die Samen auf den Samenschuppen

Die Lärche ist das einzige heimische Nadelgehölz, welches im Herbst seine Blätter abwirft, doch nicht bevor diese mit goldgelber Farbe versehen sind. Larix hat ein anderes Prinzip des winterlichen Überlebens entwickelt als die anderen einheimischen Nadelgehölze. Nadeln abwerfen bedeutet für den Baum, dass kein Wasser durch die Spaltöffnungen der Blätter verdunstet; da kann nichts erfrieren, da werden keine Frostschutzmittel in den Blättern benötigt, auch keine Wachsauflagerungen. Das ist ein Grund, warum die Lärchenliebhaber die frischen Blattpinseln im Frühling so gerne streicheln. Sie sind so weich! Das herbstliche Abwerfen der Nadeln führte zur Benennung des Artepitheton *decidua*, abwerfende.

Man kann das Blattabwerfen auch als Nachteil ansehen, da der Baum im nächsten Frühjahr sämtliche Blätter wieder neu bilden muss. Das bedeutet, viele Bausteine müssen gespeichert werden und viel Energie ist beim Austrieb nötig.

Dabei hat die Lärche es nicht leicht gehabt. Sie überstand die Eiszeit, vermutlich in den Karpaten, ist jetzt in südeuropäischen Gebirgen von den Pyrenäen bis zu den Karpaten zu Hause. Ihr macht die Sommerhitze nicht so viel aus, und im Winter verträgt der blattlose Baum die größte Kälte.

Die Lärche ist eine gute Gastgeberin; sie deckt vielen Schmetterlingsraupen den Tisch. Doch mit der trillernden Lerche hat sie nichts zu tun.

Lerche oder Lärche? So sieht das Ingo Baumgartner (1944-2015):

Vom Fliegen müd' macht eine Lerche
Zwischenstopp auf einer Lärche.
»Bist du der Vogel mit dem E?«
Versucht's die Lärch' mit Wiener Schmäh.
Der Vogel grinst: »Na freilich, ja.
Du bist der Baum mit dem Umlaut A!«

Mahonia aquifolium

Gewöhnliche Mahonie

Wer es auch im Winter in seinem Garten grün haben möchte und dort kein immergrünes Nadelgehölz pflanzen möchte, ist mit Mahonien gut bedient. Mit seinen dunkelgrünen, glänzenden Blättern übersteht der Gast aus dem westlichen Nordamerika Kälte und Dunkelheit. Vielleicht sind an ihm vom Herbst noch einige leuchtend rot gefärbte Blätter verblieben. Die Blätter sind an ihren Rändern reichlich mit Stacheln besetzt. Es sind Stacheln, nicht Dornen wie beim Familienmitglied Berberitze (s.S. 21).

Ab März gesellen sich zu den ledrigen, unpaarig gefiederten Laubblättern die leuchtenden goldgelben Blütenstände. Sie stehen in einer Traube zusammen, duften intensiv nach Honig, was die Bienen anlockt. Die schlürfen im April und Mai den Nektar und verlassen die Pflanze mit schwefelgelben Pollenhöschen. Sie haben in der Blüte nicht viel zu tun. Wie bei den Berberitzen beschrieben, reicht eine Berührung aus, um aus den Pollensäcken der Staubblätter den Pollen explosionsartig zur Biene schnellen zu lassen zwecks Weitertransport zu den Narben anderer Blüten.

Zunächst hieß es, dass die fast schwarzen, bläulich bereiften Früchte giftig seien, was ja erst einmal auch zu erwarten wäre, da einzelne Pflanzenteile mehr oder weniger giftig sind. Doch die Beerenfrüchte sind essbar; sie liefern einen wunderschön gefärbten dunkelroten Saft, mit dem jedes Apfelmus und jede Marmelade gerne errötet. Mit den Beeren können Stoffe blau-violett gefärbt werden, verwendet man die Wurzeln und innere Rinde kommt eine Gelbfärbung zustande.

In den Früchten ist das Berberin nur in geringen Mengen vorhanden; im Gegensatz zu den Wurzeln und der Rinde, dort ist der Gehalt relativ hoch. Die Mahonienrinde, »Mahoniae cortex«, wird in der Homöopathie gegen Hautausschläge angewandt.

Zuhause ist die Strauchart im westlichen Nordamerika; es heißt, »Oregon grape« sei die Staatsblume von Oregon. In Mitteleuropa wird sie gerne angepflanzt, verwildert hier auch reichlich. Besonders gefällt es dem Neophyten in Frankreich.

Erst 1814 wurde die Pflanze unter dem Namen *Berberis aquifolium* beschrieben; vier Jahre später bekam sie den nun gültigen Namen von dem Botaniker Thomas Nuttall (1786-1859). Aus England wanderte Nuttall in die USA aus, studierte Botanik und beschrieb neue Pflanzenarten. Bei der Namensgebung der Gattung *Mahonia* im Jahre 1817 stand Bernard McMahon Pate. Der Gärtner und Botaniker irischer Herkunft soll *Mahonia aquifolium* erstmals aus Samen in seinem privaten botanischen Garten nahe Philadelphia ausgesät und Pflanzen angezogen haben.

Das Artepitheton *„aquifolium"* nimmt bezug auf den botanischen Namen der Stechpalme, *Ilex aquifolium*, welche ähnlich bestachelte Blätter hat.

Mespilus germanica

Mispel

Wenn man »Drecksäck« heißt, wie die Mispel, muss man unbedingt in die Liste der Lieblingsgehölze aufgenommen werden. Solch einen besonderen Namen kann ja nicht jeder aufweisen! Mich hat der Name neugierig gemacht, meinte man doch im Ruhrgebiet mit »Drecksack« etwas ganz anderes als einen Baum. Aber unser botanischer Drecksäck steht nicht alleine da mit diesem »Kosenamen«; die Mispel teilt ihn mit anderen Bäumen, zum Beispiel mit dem Speierling, *Sorbus domestica*.

Was hat dazu geführt, dass diese doch sehr schönen Gehölze einen solch abschreckenden Namen bekamen? Die Früchte werden so genannt – nicht wenn sie am Baum hängen, sondern wenn sie meist erst im November herunter gefallen sind. Dann werden sie zu Drecksäcken, aber erst nach einer gewissen Zeit. Wehe, man tritt dann auf sie! Dann doch besser aufheben und in der Küche verwenden. Oder mit den harten, noch am Baum hängenden Mispeln den nächsten Frost – oder einfach für ein paar Stunden in das Eisfach des Kühlschranks legen. Denn gefrostet sind sie – wenn auch säuerlich – genießbar und können zu Mus verarbeitet oder zu Cyder gepresst werden. Junge harte Mispeln werden auch zum Klären von Obstsäften und Obstweinen genutzt. Das Klären gelingt den unreifen Mispeln durch ihren hohen Gehalt an Gerbstoffen.

Der Drecksäck hat namentlich noch eine Steigerung: »Hundsärsch«! Kann der Name »Hundsärsch« liebevoll gemeint sein? Die Saarländer tun das. Sie nennen ihre Mispeln so. Vielleicht auch erst dann, wenn sie einige Gläschen vom Mispellikör getrunken haben. Andere schöne Namen für die Mispel sind »Näschple« in Baden, »Wispel« im Niederdeutschen, »Wispelbeere« in Oldenburg.

Die Mispeln waren zunächst Einzelkinder in der Gattung *Mespilus*. So etwas nennt man auch »monotypisch«. Dann wurde eine kleine Population eines Verwandten in Amerika entdeckt, in Arkansas. Dort kennt man seit 1990 *Mespilus canescens*.

Unsere Mispel ist ein »Gastgeschenk« der Römer. Die Gehölze waren später in Frankreich und Deutschland so häufig anzutreffen, dass Carl von Linné Mitte des 18. Jahrhunderts glaubte, der Baum sei in Deutschland heimisch. Er verpasste ihm das Artepitheton *germanica*. Besonders viel sieht man die Mispel im rheinischen und südlichen Deutschland, sie wird hier angepflanzt, verwildert aber auch sehr gerne. Heidelberg hat den größten Mispelbestand in Deutschland. Die Stadt bemüht sich, ihn zu pflegen, diese schönen alten Bäume zu schützen und den Bürgern näher zu bringen.

Vereinzelt kommt die Mispel auch in Norddeutschland und Südskandinavien vor. In England soll es Jahrhunderte alte Mispelbäume geben. Aber über vierhundert Jahre werden sie wohl nicht sein, als Shakespeare (1564-1616) dem »medlar tree« in seinen Werken einen Platz einräumte: In »Wie es Euch gefällt« vergleicht der Dichter den Drecksäck mit schnell verfaulenden Einfällen: Rosalinde will den Probstein auf einen schlechten Baum »impfen, und dann wird er Mispeln tragen: denn Eure Einfälle verfaulen, ehe sie halb reif sind, und das ist eben die rechte Tugend einer Mispel«.

In »Romeo und Julia« lässt Shakespeare den nach Romeo suchenden Mercutio vermuten: »Nun sitzt er wohl unter einem Mispelbaum und wünscht, sein Mädchen wäre eine Frucht von der Art, wie Mädchen die Mispel nennen, wenn sie allein lachen …« (in der Übersetzung von Dietrich Klose, 1969; die anderen Übersetzer lassen die Mispel unter den Tisch fallen):

»If love be blind, love cannot hit the mark.
Now will he sit under a medlar tree,
And wish his mistress were that kind of fruit
As maids call medlars, when they laugh alone.«

Bleiben wir noch ein wenig in England und wenden uns einem Re-

zept aus dem 17. Jahrhundert zu, welches zum Ausprobieren reizt. Aus den »rotten medlar«, den reifen Mispeln, zauberte Robert May (1588-1664/5) eine »Medlar Tart«, die Mispel-Tarte. Geschrieben steht sein Rezept im 1660 erschienenen, wohl ersten professionellen englischen Kochbuch »The Accomplisht Cook«:

»Take medlars that are rotten, strain them, and set them on a chaffing dish of coals, season them with sugar, cinamon and ginger, put some yolks of eggs to them, let it boil a little, and lay it in a cut tart; being baked scrape on sugar.«

Also: Verrottete Mispeln durch ein Sieb drücken und aufs Feuer setzen. Füge Zucker, Zimt und Ingwer zu sowie einige Eigelbs und lasse alles einige Zeit köcheln. Danach die Masse auf die Tarte streichen und backen. Nach dem Abkühlen mit Zucker bestreuen. – Eine Tarte ist eine besondere Art von Mürbeteig aus Frankreich, dessen Rezept May nach seiner Ausbildung in Frankreich nach England mitbrachte.

Über Kleinasien gelangte die Mispel wahrscheinlich um 700 v. Chr. nach Griechenland und in den weiteren mediterranen Raum bis Italien. Den Römern ist es zu verdanken, dass der Baum nach Deutschland kam. Als »mespilarios« ist der Baum an 78. Stelle im »Capitulare de villis« aufgeführt. In dieser Landgüterverordnung aus dem Jahre 812, welche von Karl dem Großen erlassen wurde, sind an die hundert Pflanzenarten aufgeführt, die in seinen Krongütern verwaltet wurden.

Der Römer Palladius schrieb im 4. Jahrhundert in seinen Abhandlungen über die Landwirtschaft: »Die Früchte nimmt man vom Baume, ehe sie essbar sind, denn sie bleiben auch am Baume sehr lange hart. Man verwahrt sie in ausgepichten Töpfen oder hängt sie einzeln auf, oder legt sie in eingedickten Most; auch legt man sie so in Spreu, dass sie sich nicht berühren.« (Reinhardt: 97f.)

Im Mittelalter waren Mispeln sehr beliebt. Der hohe Gerbstoffgehalt in Blättern, jungen Früchten und in der Rinde wurde in der Pflanzenheilkunde unter anderem als Blut stillendes Mittel eingesetzt. Gerber nutzten sie bei der Lederherstellung. Aus dem harten Holz wurde »Ene Mäespele« gemacht, das heißt ein fester Stock, um sagen zu können: »Du kries et met de Mäespele.« Möchte man niemanden durchwalken, sondern lieber einen Spieß über dem Feuer drehen, ist das Mispelholz auch dafür gut geeignet.

Für die Anhänger der lieblichen Wissenschaft, Scientia amabilis sei noch erwähnt: Die Mispel – Baum und Frucht werden gleich bezeichnet – ist eine Apfelfrucht, was die Form sowie sein Innenleben angeht. Auch sehen wir die fünf verbleibenden Kelchblätter. Schaut man zwischen diese alten Kelchblätter, sehen wir ein Gewusel von alten Staubblättern und Fruchtblättern.

Vom Apfel unterscheidet sie sich besonders dadurch, dass die Mispel zwar fünf »Stübchen« besitzt wie der Apfel, aber darin statt »zwei Kernchen schwarz und fein« nur ein Kernchen sitzt. Wird der Apfel »Sammelbalgfrucht« genannt, gehört die Mispel zu den Sammelnussfrüchten, auch »Nussapfel« genannt, da seine Fruchtblätter sehr derb und hart sind.

Populus alba

Silberpappel

Zwei berühmte Menschen schrieben über die Silberpappel. Bertolt Brecht erwähnt sie in den Buckower Elegien. In Buckow hatte er seit Sommer 1952 ein Häuschen, zu dem auch ein Blumengarten gehörte. Der führte hinunter zum See. Dort saß er manchmal »am See, tief zwischen Tann und Silberpappel« und wünschte sich, dass er wie der Garten »dies oder jenes Angenehme« zeige. »Später, im Herbst hausen in den Silberpappeln große Schwärme von Krähen«, schrieb er in dem Gedicht »Laute«.

Nicht Krähen, sondern »alle Singvögel« saßen in der Silberpappel im Gefängnishof von Wronke (heute Polen). Hier war Rosa Luxemburg inhaftiert. Sie hatte die Möglichkeit, ein kleines Gärtchen zu nutzen. Das tat die Pflanzenliebhaberin auch am 19. Mai 1917. Sie schrieb an ihre Freundin Sonja Liebknecht über das, was um sie herum blühte, über Kastanien und Zierkirschen: »Ach, wissen Sie noch, damals im Botanischen [Botanischer Garten Berlin-Dahlem, R.G.] mit Karl in der Frühe, als wir die Nachtigallen hörten, da sahen wir auch einen so großen Baum, der noch ganz ohne Laub, aber massenhaft mit kleinen leuchtend weißen Blüten bedeckt war; wir zerbrachen uns den Kopf, was denn das sei, denn es war klar, dass es kein Obstbaum war, und die Blüten waren auch etwas seltsam. Jetzt weiß ich! Das ist eine Silberpappel, und diese Blüten sind keine Blüten, sondern junge Blättchen. Das erwachsene Blatt der Silberpappel ist nämlich nur unten weiß, oben dunkelgrün, die jungen aber sind noch beiderseits mit weißem Flaum bedeckt und leuchten in der Sonne wie weiße Blüten. Solch eine große Pappel steht hier in meinem Gärtlein, und auf ihr sitzen mit Vorliebe alle Singvögel.« (Luxemburg: 41)

Wenige Wochen später, am 3. Juni 1917, sitzt Rosa Luxemburg an einem kleinen Tischchen in »ihrem« Gärtlein und schreibt an Freundin »Sonjuschka« über die Silberpappel, über die sie nun Genaueres weiß: »... vor mir rauscht langsam mit ihren weißen Blättern die große, ernste und milde Silberpappel. An der Silberpappel zerflatterten die überreifen Kätzchen, und ihr Samenflaum flog rings umher, füllte die ganze Luft wie mit Schneeflocken, bedeckte die Erde und den ganzen Hof; das sah so geisterhaft aus, wie der Silberflaum herumflatterte! Die Silberpappel blüht später als alle anderen Kätzchenträger, und dank dieser üppigen Samenausstreuung verbreitet sie sich sehr weit, ihre kleinen Schösslinge sprießen wie Unkraut aus allen Ritzen an der Mauer und zwischen Steinen ...« (Luxemburg: 51ff)

Diese beiden Briefeauszüge haben uns wesentliche botanische Erklärungen geliefert.

In einer Sage aus Schleswig »Ein Schatz unter der Pappel« wird der Lieblingsbaum eines Königs vorgestellt: »Ein König hatte einst einen Baumgarten und weilte dort oft und gern. Die meisten Bäume waren von ihm selbst gepflanzt und unter seiner Pflege herangewachsen. Vor allem gefiel ihm aber eine Pappel, die schlank emporgeschossen war und ein herrlicher Baum zu werden versprach. Mit großer Betrübnis sah er deshalb im Frühling, dass die Pappel nicht grünen wollte. Während rings die anderen Bäume ihre Knospen entfalteten und bald im grünen Schmuck prangten, verharrte die Pappel in ihrer winterlichen Tracht. Da ward der König traurig und meinte, der Baum sei gestorben. Als er eines Tages davor stand, trat sein treuer Diener Hans zu ihm und sprach: ›Herr König, ich will Ihm den Baum wachsen machen, wenn er mir alles geben will, was ich unter dem Baume in der Erde finde.‹

Da antwortete der König: »Ja, Du sollst alles haben und sollst fortan mir der Liebste auf Erden sein.«

Nun grub Hans den Baum aus der Erde. Und er fand zum Erstaunen des Königs zwischen den Wurzeln zwei große Edelsteine und ein goldenes Buch. Sorgfältig setzte er nun den Baum wieder in den Boden. Dieser begann sofort zu treiben, dass es eine Lust war. Die Steine aber steckte Hans in seine Tasche. Von Stund' an ward er so klug und weise, wie noch kein Mensch auf Erden war. Er konnte alle geheime Schrift lesen, die in dem Buche stand.

Des Königs Tochter aber war blind und konnte von niemandem geheilt werden. Nach einiger Zeit trat Hans zum König und sprach: »Mein Herr König, seid nicht mehr so traurig über die Krankheit Eurer Tochter. Ich will sie wieder sehend machen.«

»Ach, wenn Du das könntest«, entgegnete der König, »sollst Du mir noch viel lieber sein und sollst meine Tochter zur Frau erhalten.«

Hans pflückte Blätter vom Pappelbaum und tat diese auf die Augen der blinden Königstochter. Und siehe, sie konnte wieder sehen. Später wurde sie die glückliche Gemahlin des Hans. (Reling & Bohnhorst: 372f).

Populus nigra var *»italica«*, die Pyramidenpappeln, sind die langen Müßiggänger mit dem steifen Hals, über die Friedrich Rückert (1788-1866) folgendes unfreundliche Gedicht schrieb:

Die Pyramidenallee
Da stehen sie am Wege nun,
die langen Müßiggänger,
und haben weiter nichts zu tun
und werden immer länger.

Da steh'n sie mit dem steifen Hals,
die ungeschlachten Pappeln,
und wissen nichts zu machen,
als mit ihren Blättern zu zappeln.

Sie tragen nicht, sie schatten nicht
Und rauben, wo sie wallen
Uns nur der Landschaft Angesicht,
wem könnten sie gefallen?

Bertolt Brecht gefielen die Pyramidenpappeln. Er schrieb ein Gedicht über die am Karlplatz in Berlin-Mitte. Heute sind die Pappeln begleitet von Brechts Gedicht. In dem dankt er den Anwohnern, die diese Bäume stehen ließen, damals im Winter 1946, als die Menschen fror'n »und das Holz war rar, und es fiel'n da viele Bäume, und es wurd' ihr letztes Jahr.«

Dem Soldatenkönig Friedrich Wilhelm I. gefielen die »Langen Kerls« im Leibregiment. Kein Wunder, dass der König andere Lange Kerls, die Pyramidenpappeln, in den preußischen Alleen »wie Reihen von gut geschulten Soldaten in Paradeordnung« hinstellen ließ. Auf Napoleon sollen an »Bataillone erinnernde« Pappelalleen zurückgehen, die es in Frankreich noch immer gibt.

1866 wurde das Anpflanzen von Pappelalleen an den Landstraßen in Preußen gesetzlich verboten. Das Verbot erfolgte, weil die Pappeln wie Unkraut austrieben und bis an die dreißig Meter lange Wurzelausläufer bildeten, welche den Bauern benachbarter Felder das Leben schwer machten.

Von der großen Artenvielfalt bei den Pappeln darf eine nicht vergessen werden, welche zumindest namentlich allen bekannt ist: die ESPE oder ZITTERPAPPEL, *Populus tremula.*

Es lohnt sich, eine solche einmal näher zu betrachten und den Grund ihres Zitterns zu entdecken. Dazu schauen wir uns das Blatt an. Es ist fast rund, sein Blattstiel ist verantwortlich für das Zittern, hat also eine »Zittermorphologie« ausgebildet. Der Blattstiel ist lang, abgeplattet und in sich gedreht. So sind die Blätter geeignet, zu zittern wie Espenlaub oder zu kaaken, also viel reden, maulen, wie es sich für eine Kaakfiste gehört. Oder babbeln und bibbeln wie der Bibbelbaum.

Prunus spinosa

Schlehe
Agathenhölzl
Schwarzdorn
Katzenprümmsche

Der Dichter Wilhelm Müller (1794-1827) hat sich über die blühenden Schlehen, über »Das Frühlingsmahl«, gefreut:

Wer hat die weißen Tücher
Gebreitet über das Land?
Die weißen, duftenden Tücher
Mit ihrem grünen Rand?....
Wie strömts aus allen Blüten
Herab von Strauch und Baum!
Und jede Blüt« ein Becher
Voll süßer Düfte Schaum!

Woher stammt der Name »Schlehe«? Was bedeutet er? Viele volkstümliche Namen tragen dieses »Schle« in sich: Dornschleh, Schlebom, Schlegablüah, das mittelhochdeutsche Schleh, das ostfriesische Schlee, der Schledorn in Österreich und Schlesien, die Schlehen bei den Vätern der Botanik, Schliehen in der Eifel und so weiter und so fort.

Auch beim »Schwarzdorn« tappen wir im Dunklen. Ist er nun nach der schwarzen Rinde so benannt oder nach den fast schwarzen Früchten? Als Swartdoorn, Schwarzdorn war er von Bremen bis Pommern bekannt.

Die Grimms forschten über die Schlehe, wie es in ihrer »Mythologie« nachzulesen ist: »... schlehe bezeichnet sowol den strauch, wie seine frucht ... die vermutung, dasz unser schlehe mit dem slav. worte verwandt sei, wird dadurch wahrscheinlich gemacht, dass in alter zeit die schlehe als art wilde pflaume aufgefasst wurde, dass man pflaumen auf schlehen pfropfte ... im mittelalter bezeichnet schlehe nicht nur die beeren des schwarzdorns ... sondern auch andere ähnliche früchte ... die schlehe wurde als eine wilde pflaumenart aufgefaszt und wilder krieken-, pflaumen-, zwetschkenbaum, bauerpflaume als namen des schlehdorns die brombeere heiszt auch häckschlehe, morum dumi ... die frucht der prunus insititia haberschleh, .schleen oder kritzschenpflaumen der am meerstrande wachsende seekreuzdorn [hippophae rhamnoides, unser Sanddorn, R.G.]wird auch rothe schlehe genannt.«

Wie gut, dass Carl von Linné der Pflanze ihren botanischen Namen gab: *Prunus spinosa*. Das Epitheton ist eindeutig: *spinosa* bedeutet dornig. Damit sind die Kurztriebe gemeint, welche in Dornen umgebildet sind. Diese wurden – nachdem sie auf dem Ofen getrocknet worden waren – zum Schließen der Weihnachtswürste genutzt.

Die Überlieferungen zur Verwendung der Schlehe sind vielfältig. So wurden laut Grimm die Schlehen als Unterlage für andere Obstgehölze genutzt: »... schon im altertume pfropfte man pflaumen auf den schlehdorn ... diese veredelung wurde auch späterhin gepflegt: der schlehendorn, wann er fleißig versetzet und gepfropfet wird, verändert er sich, und wird einheimisch, daran die großen schlehen ... herkommen. auch kirschen werden auf schlehen gepfropft.«

Die Früchte mit ihrem bitter-säuerlichen, zusammenziehenden Geschmack führten zum Sprichwort: »schlehen seyn keine weinbeere«. Die Schlehen sind kleiner als die Prümmsche, die Pflaumen, weshalb sie auch den Namen »Katzenprümmsche« tragen. Sie wurden wie diese gedörrt und für den Winter aufbewahrt. Geerntet werden die Schlehenfrüchte am besten nach dem ersten Frost, »... wann sie zuvor von der kälte seindt milt worden«, meinte der Arzt und Botanikus Lonicerus in seinem Kräuterbuch von 1577. Auch wurde aus den Schlehenfrüchten ein »wolgeschmackter wein« zubereitet, wobei »die kernen mit der frucht wol zerstoszen« wurden. Schlehenbranntwein wurde zu Heilzwecken genutzt: »aus schlehen destillierter branntwein, zuvor

uber nacht in gutem wein erbeytzet, gebrandt in balneo Mariae [Marienbad, R.G.] ist gut wider brust und seitengeschwer«.

In der Volksmedizin wurde ein abführendes, Blut reinigendes Mittel aus Blüten hergestellt: »Aus schlehenblüten hergestellte, zu heilzwecken benutzte flüssigkeit: aqua destillata florum spini.«

Noch heute werden Schlehen eingemacht, zu Mus verarbeitet und Saft aus ihnen gepresst. Lässt man die Früchte mehrmals frosten, verlieren sie ihren herben Geschmack. Alkoholika aus ihnen werden in vielen europäischen Ländern hergestellt. Da gibt es Sloe Gin, den Schlehenlikör, auch das Schlehenfeuer, in Frankreich Prunelle, in Italien »Vino di prugnola«.

Es galt als ratsam, im Frühling die ersten drei Schlehenblüten zu verspeisen, da man so ein ganzes Jahr vor dem Fieber geschützt sei. Beim Abpflücken der Blüten muss gesprochen werden (bitte zuvor laut üben):

Etz eß' i die äschtn drei Schläichablei [Schlehenblüten],
dass i's Feibö [Fieber] net kreig.

»Agathenhölzl« hieß ein fingerlanges Stück Schlehenholz, welches am Agathentag, dem 5. Februar, um zwölf Uhr gewonnen wurde. Strich man mit ihm über eine Wunde oder Geschwulst, heilten diese. Trost und Warzenfreiheit spendete die Schlehe im Verbund mit einer (Nackt-)Schnecke, wenn man sprach:

Schneck, i tu di nit ins Grab,
Büß di Lebe am Dorn do ab.
Wenn di Lebe isch entflohn,
Sin mini Warzen au dervon.

In einer Legende aus Schwaben hieß es, aus dem Schlehdorn sei die

Dornenkrone gemacht worden. Daher würde auch der Blitz nicht in den Strauch fahren und man sei bei einem Gewitter unter ihm sicher. In Posen hieß es, dass der Schlehdorn vom Kreuzdorn verdächtigt worden sei, die Zweige für die Dornenkrone Christi hergegeben zu haben. Da hätte sich Gott erbarmt und als Zeichen seiner Unschuld den Strauch in einer Nacht plötzlich mit Tausenden weißer Blüten überschüttet. Gehölze mit Dornen wurden meist skeptisch betrachtet. In religiös geprägten Landen kam oft die Dornenkrone Christi ins Gespräch.

Andererseits galt Dorniges an Baum und Strauch als Hexen abwehrend. So wurden Zweige am Walpurgisabend an die Stalltüren genagelt. In den Häusern, in denen kleine Kinder lebten, befestigte man Schlehdornen an Türen und Fenstern. Auch ins Kleid wurden zum Schutz gegen Hexen die Schlehdornen genäht.

Rosa canina

Hundsrose
Hagrose
Hagebutten
Hatschepatsch

»Es sitzt auf dem Heckelchen, hat ein rotes Röckelchen und ein schwarzes Käppelchen und den Bauch voll Steinchen.« Die hübschen orangeroten Röckelchen sind die glänzenden Hagebutten. Sie sind kleine Töpfchen, gefüllt mit zahlreichen, auf den Juckeinsatz im Kragen des Mitschülers wartenden »Steinchen«. Die Käppelchen sind die alten Kelchblätter, die einst grün waren, bevor sie über braun nach schwarz sich färben und irgendwann im Herbst oder Winter abfallen.

Der Juckreiz wird von den kleinen Härchen an den Früchtchen ausgelöst. Doch die Rose ist für die Juckstreiche nicht verantwortlich; sie wollte doch nur den Transport der Früchtchen auf einem Tierpelz effektiver machen!

Die Früchtchen sind botanisch betrachtet Nüsschen, die in ihrer harten Fruchtschale den Samen beherbergen. Am besten können die Juckreiz versprechenden Nussfrüchtchen mit einem Löffel aus der orangeroten Hagebutte herausgelöst werden.

August Heinrich Hoffmann von Fallersleben hat unserer Hagebutte 1843 ein Gedicht gewidmet, das jedermann kennt:

Das Männlein steht im Walde auf einem Bein
Und hat auf seinem Haupte schwarz Käpplein klein,
Sagt, wer mag das Männlein sein,
Das da steht im Wald allein
Mit dem kleinen schwarzen Käppelein?
Das Männlein dort auf einem Bein
Mit seinem roten Mäntelein
Und seinem schwarzen Käppelein
Kann nur die Hagebutte sein.

Nach Betrachtung der alten Kelchblätter ist folgendes Rätsel lösbar:

Fünf Brüder sind zu gleicher Zeit geboren,
Doch zweien nur erwuchs ein voller Bart,
Dem einen ist zur Hälfte er geschoren,
Den andern blieb die Wange unbehaart.

Diese ungleich gestalteten Kelchblätter können wir noch schöner an der Blüte der Hundsrose entdecken. Dazu die Blüte von unten betrachten. Die Kelchblätter stehen in einer so genannten Spirale. Was das heißt? Nebeneinander stehende Kelchblätter werden während ihrer Ontogenese in einer 2/5 Spirale gebildet. Dazu steht bei der Betrachtung das »bärtigste« Kelchblatt oben, dann gehen wir im Uhrzeigersinn nicht zum nächsten, sondern 2/5 Umdrehung weiter zum übernächsten Kelchblatt, was nicht mehr so bärtig ist, dann wieder zum übernächsten, das noch weniger bärtig ist, und so weiter bis zum völlig bartlosen Kelchblatt. Diese spiralige Anordnung wird im Botanischen auch »quincunciale Ästivation« genannt.

Richtige »Bärte« sind das nun an den Kelchblättern nicht, sondern fransige Reste eines Fiederblatts, welches in der Evolution fast alle oder alle Fiederblättchen verloren hat.

Marcel Proust beschrieb die Blüte als »mit der glatten Seide ihres rötlichen Mieders bekleidet« in seinem Roman »Auf der Suche nach der verlorenen Zeit«. Schöner geht es nicht! Neben dem rötlichen Mieder haben wir nun noch an die zwanzig Staubblätter und die zunächst noch unschuldigen Fruchtblätter, aus deren Fruchtknoten später die juckenden »Steinchen« werden.

Kommen wir zu einer schlechten Nachricht: Eine Rose hat keine Dor-

nen, sondern Stacheln! Das muss erst einmal verdaut werden. Eigentlich hätten wir es bei dem Märchen von Dornröschen mit einem Stachelröschen zu tun. Mit der viel beschworenen »Rose ohne Dornen« ist die Pfingstrose (*Paeonia*) gemeint. Die hat weder Dornen noch Stacheln.

Dornen und Stacheln lassen sich gut unterscheiden. Stacheln an einem Rosenstängel abzubrechen, geht sehr leicht. Das liegt daran, dass ein Stachel nur ein Auswuchs der Epidermis ist. Das Dornabbrechen zum Beispiel bei der Berberitze (siehe Seite 21) gelingt nicht so einfach. Jeder Dorn ist mit dem umgebenden Gewebe verwachsen. Stacheln treten mal hier, mal dort am Stängel oder auch an einem Blatt auf. Das tun die Dornen nicht. Sie haben einen definierten Platz, als Sprossdorn oder Blattdorn.

Kommen wir zu den alten Namen unserer Hag- und Heckenrose zurück. Ihr widmete der Schriftsteller und Redakteur Johann Trojan (1837-1915) ein Loblied, in dem er der Hagerose der »vollen« Rose den Vorzug gab:

Welche Fülle jetzt von zarten
Vollen Rosen schmückt den Garten!
Aber dir am Waldesrand
Bleibt mein Herz doch zugewandt.

Ist es, weil zu deinen Füßen
Glockenblum« und Erdbeer« sprießen?
Ist es, weil der Wind dich küsst,
Der durch«s Korn gegangen ist?

Ist es, weil in mächt'gem Schweigen
Um dich schwebt der Elfenreigen,
weil bei uns als trauter Gast
hält der wilde Vogel Rast?

Was es sei – ich weiss das Eine:
Freiheit wohnt bei dir am Raine,
Wo du bist, ist Fried' und Ruh',
und du selbst, wie schön bist du!

Stephan Lochner, Madonna im Rosenhag, um 1448

Es gibt die Hagrose nicht nur am Waldesrand. Jahrhunderte zuvor befriedete sie den Hag, die Wohnstatt des Hagestolzes. Ein Hag war ein Areal, welches durch Hagrosensträucher begrenzt war. Der alte Begriff »Hag« ist heute nur noch gebräuchlich durch »Hagebutte«, »behaglich« oder »hager«. Den Namen »Hagedorn« für den Weißdorn sowie dem »Hagestolz« schlägt bald das letzte Stündlein. Den Hagestolz gibt es heute nicht mehr, diesen armen Mann, der nur einen Hag sein eigen nannte. Der Hag war so klein, dass der Hagestolz nie und nimmer eine Familie gründen und mit dieser hier wohnen konnte (heute sind Praktikanten und Niedriglohnbeschäftigte die neuen Hagestolze).

Auch der »Rosenhag« führt in alte Zeiten. Wir kennen ihn von den Alten Meistern. In einem »Rosenhag« hatte Maria mit dem Kind ihren Platz. Die Engelschar waren mit Musikinstrumenten vor dem Hag versammelt. Andere Engel lehnten auf einer Rasenbank. Es waren rote Rosen im Rosenhag von Stephan Lochner. Aber auch weiße Rosen misch-

Peter Paul Rubens. Maria mit dem Kind. 1625/28

ten sich unter die roten, zum Beispiel auf dem Gemälde der »Meister des Marienlebens« von 1448.

Weiße Rosen sollen nach einer langen Regenwoche entstanden sein. Besonders in Norddeutschland war dann schönes Wetter angesagt, da Frau Holle »zum Sonntag ihren (weißen) Schleier trocknen« musste (Reling & Bohnhorst: 268). Andere glaubten, dass Maria weiße Windeln zum Trockenen über den Rosenstrauch gelegt hatte.

Mein Rosenlieblingsgemälde wurde vor vierhundert Jahren gemalt. Die Rosenzüchtung war in dieser Zeit in vollem Gange, ebenso die Marienverehrung. Auf diesem Gemälde wurden die Blumen und Früchte vom Blumen-Brueghel, Jan Brueghel d.Ä., gemalt. Er starb im Jahre 1625. Das Gemälde wurde 1628 fertig gestellt.

Während Wildrosen nur fünf Blütenblätter aufweisen, verfügt dank Züchtung die *Rosa centifolia* an die hundert Blütenblätter.

Salix spec.

Weiden

Salix caprea, Salweide

Bienen lieben die Weide. Für sie ist der Weidenbaum im Frühling eine Bienenweide. Aus silbernen Kätzchen sind nun goldene geworden. Diese Kätzchen der »Dotterweide« und »Goldweide« überlassen nun ihre goldenen Pollen dem Wind und den Bienen.

Christian Morgenstern (1871-1914) fragte die Weide, wo ihre Kätzchen im Winter gewesen seien. Und die Kätzchen antworten.

»Kätzchen ihr der Weide,
wie aus grauer Seide,
wie aus grauem Samt!
ihr Silberkätzchen,
sagt mir doch, ihr Schätzchen,
sagt, woher ihr stammt.«

»Wollens gern dir sagen:
Wir sind ausgeschlagen
aus dem Weidenbaum,
haben winterüber
drin geschlafen, Lieber,
in tieftiefem Traum.«

Das war ein Dialog zwischen Männern. Die männlichen Weidenkätzchen haben geantwortet, aber so richtig zufrieden scheint der Dichter nicht gewesen zu sein, stellt er doch zum Schluss des Gedichts noch mal die gleiche Frage. Doch wie sollte die Weide auch das große Geheimnis der Natur preisgeben?

Die weiblichen Weiden blühen etwas später; sind auch nicht golden, sondern silbern-grünlich und wohnen auch im eigenen Haus. Weiden sind zweihäusig. Wenn aus ihnen Früchte geworden sind und sie ihre Samen fliegen lassen, kann eine Stadt in Weiß gehüllt sein. Straßen sehen aus, als hätte es mitten im Sommer geschneit.

Samen mit Samenhaar

Der Lyriker Wilhelm Lehmann formulierte es so: »Die Weide hisst Wolken pelzigen Graus.« Das pelzige Grau sind Samenhaare. Nach dem Öffnen der Fruchtschale können sie nun entfliehen. Der Weidensame soll der winzigste Same bei den Laubbäumen sein. Aber er kommt in Massen, also gewaltig!

Der Begriff »Weide«, auf welcher der Mond seine Schäfchen weiden lässt, wie Hoffmann von Fallersleben es in einem Wiegenlied schrieb, hat vielleicht seinen Ursprung in der Bienenweide: »Ich hab' ein Lämmchen, weiß wie Schnee, Das geht auf grüner Weide « Auch werden manche Naturschönheiten Augenweiden genannt. Keine Augenweide waren die alten Weiden, welche der Sohn des reitenden Vaters erblickte. Er sah Erlkönigs Töchter am düsteren Ort. Doch der Vater besänftigte: »Es scheinen die alten Weiden so grau«. Es waren die Töchter des Erlkönigs, böse Geister und Hexen und dunkle Gestalten, die nach dem Volksglauben in den Weidenbäumen wohnten. In der Eifel sollen sie Weiden mit geborstenen Stämmen und dürren Ästen bevorzugt haben. Bei den Germanen galten die Weiden als Sinnbild des Todes. Gern wird eine kleine Weide noch heute als Trauerbaum auf den Friedhof gepflanzt. Die schöne und begabte Prinzessin Elisabeth Pauline Ottilie Luise zu Wied (1843-1916), spätere Königin von Rumänien, schrieb nach dem Tod ihrer dreijährigen Tochter (unter dem Pseudonym Carmen Sylva) folgende Zeilen:

»Trauerweide, Baum der Schmerzen,
Baum der tief betrübten Herzen,
Du sollst mir der liebste ein,

wenn mich Liebe lässt allein –
Einst, wenn ich hab' ausgelitten,
Ausgerungen und -gestritten
Wiegest du zum Schlaf mich ein.« (Nießen 2. Bd.: 43)

»Wenn man eine Kopfweide zeichnet, als sei sie ein lebendes Wesen, und das ist sie ja eigentlich auch, dann folgt die Umgebung wie von selbst, wenn man nur seine ganze Aufmerksamkeit auf den bewussten Baum gerichtet und nicht geruht hat, bis etwas vom Leben hinein gekommen ist«, schrieb Vincent van Gogh 1881 an seinen Bruder.

Weg mit beschnittenen Weiden, 1889

Die »Köpfe« entstehen, wenn junge Weiden gestutzt und ihre Zweige regelmäßig geschnitten werden. Dann bilden sie diese charakteristische Silhouette. Aus biegsamen Weidenzweigen werden Körbe aller Art geflochten. Alte Weiden werden gerne hohl. Die Schriftstellerin Anna Louisa Karsch (1722-1791) schrieb 1761 in einem Brief: »Ich bin wie ein Weidenstamm, den der Wurm ganz hohl gefressen und die Flut halb abgespült.«

Eine hohle Weide ist ein gutes Versteck sowohl für eine Magd als auch für eine Katze, wie im Märchen »Die Katze aus dem Weidenbaum« der Gebrüder Grimm zu lesen ist.

Bei der Entwicklung der Weidenarten hat die Evolution allerlei ausprobiert. So viele verschiedene gibt es nämlich auf der Erde, an die vierhundert! Manche haben Überlebensstrategien entwickelt, um an Extremstandorten existieren zu können; sie besiedeln Flächen, auf denen sonst kein Baum wachsen möchte, nicht mal die Erle. Die meisten lieben es, am oder im Wasser zu stehen. Sie bilden Silberweidenwälder, dämmen Hochwasser ein und verbessern das Grundwasser; sie können bis dreißig Meter hoch werden.

Sie vermehren sich sexuell durch Samen oder vegetativ durch abgebrochene Wurzeln; sie sind Heilpflanzen durch das Salicin; aus ihrem Bast wurden Seile und Fischernetze hergestellt; sie befestigen durch ihr üppiges Wurzelwerk Hänge und Uferzonen; sie sind also sehr nützlich.

Unsere Flüsse oder Kanäle sind gerahmt von Trauerweiden, die ihre langen Zweige bis ans Wasser führen und durch den Goldschimmer der Kätzchen den Frühling ahnen lassen.

Marie-Luise Kaschnitz beschrieb sie als »komisch strukturlos, wie gewisse Hunde, die Kopf, Rücken, Beine, Schwanz unter einer lang herabhängenden Felldecke verstecken.«

Sehr auffallend sind »Weidenrosen«. Sie werden von Gallmücken *(Rabdophaga rosaria)* hervorgerufen. Die Weidenzweige reagieren auf deren Stich und beginnen, Gallen zu bilden. Das sind dichte Blattrosetten, die bis zwei Zentimeter groß werden und gefüllten Rosenblüten ähneln. In denen haben die blassroten Mückenlarven ihr erstes Zuhause. Im Sommer grünen die Gallen heran, werden nach dem Laubfall wieder braun und verbleiben am Baum.

Sambucus nigra

Schwarzer Holunder Fliederbaum

Ein alter Holunderbusch ist wie ein altes Mütterchen mit weißer Haube, das behäbig und breit, aber freundlich auf ihre Bank einlädt. Und dann sitzt man bei ihr. Wenn im Mai und Juni ihre Blüten aufgegangen sind, schweben Millionen von Sternenblütchen über einem. Sind die Früchtchen reif, ist die Freude auf die Ernte groß.

Sie wurde auch Fliedermütterchen genannt, aus deren Blüten der Fliedertee bereitet werden kann. Den trinkt ein kranker Junge. Da beobachtet er, wie ein Fliederbusch und mit ihm das »Fliedermütterchen« aus der Teekanne wachsen: »Die Fliederblüten kamen frisch und weiß daraus hervor. Sie schossen zu großen, langen Zweigen empor; selbst aus der Schnauze verbreiteten sie sich nach allen Seiten und wurden größer und größer. Es war der herrlichste Fliederbusch, ein großer Baum. Er ragte in das Bett hinein und schob die Vorhänge zur Seite; nein, wie das blühte und duftete! Und mitten im Baum saß eine alte, freundliche Frau mit einem sonderbaren Kleid; es war ganz grün, so wie die Blätter des Fliederbaumes, und mit großen weißen Fliederblüten besetzt.«

Schöner als Hans Christian Andersen (1805-1875) kann niemand vom Fliedermütterchen erzählen.

Fliedertee, das sind getrocknete Blüten vom Holunder, nicht vom schönen, aber ungenießbaren Flieder. Flieder heißt der Hollerbusch heute noch in Norddeutschland. Namensverwirrung ist angesagt. Da ist es gut, dass wir botanische Namen haben: *Sambucus nigra* heißt der Schwarze Holunder, *Syringa vulgaris* der Gemeine Flieder. Niemand käme auf die Idee, diese beiden Sträucher zu verwechseln, auch wenn sie nicht in Blüte stehen.

Erst zu Beginn des 17. Jahrhunderts wurde aus dem niederdeutschen »vlieder«, dem Althochdeutschen »flediron« sowie mittelhochdeutschen »vlederen«, was soviel wie Flattern heißt, der Holunder. Gemeint waren Gehölze mit flatternden Blättern. Aber flattern tun beide, der Holunder mit Fiederblättern, der Gewöhnliche Flieder mit ungefiederten Blättern.

Der Hollerbusch ist bei uns eine der ältesten Nutzpflanzen. Er durfte vor keinem Haus fehlen. Er war die Apotheke; er war von Geistern bewohnt; über ihn wurden Geschichten erzählt. Dem Hollerbusch waren unsere Vorfahren durch die Jahrhunderte hindurch dankbar und ehrerbietig. Früher hieß es »Besitzlos sein war das gleiche wie keinen Holderstock haben«. Heute empfinden wir die Fülle des cremefarbenen Sternenblütenmeerd beglückend. Die Italiener setzen diesen Blütensternchen ein Denkmal; sie nennen ihre Sternchennudeln »Fiori di Sambuco«.

Der Name Hollerbusch weckt unsere Neugier. Denken wir an Frau Holle, an Frau Ellhorn, an Holda? Diese Namen sind gewürzt mit Gruselgeschichten. Frau Holle konnte sehr böse werden, wenn nicht das Richtige getan wurde. Doch was hat die Betten aufschüttelnde Frau Holle mit unserem Hollerbusch zu tun? Es war wohl so, wie es auch bei vielen anderen Bäumen und Sträuchern der Fall war: Nicht sichtbare Hexen, Dämonen und Engel wurden auf Sichtbares projeziert, zum Beispiel auf einen Baum, auf einen Strauch, auch auf unseren Hollerbusch. Er war dazu auserkoren, Gegensätze zu verdeutlichen: die weißen Blüten im Mai, die schwarzen Früchte im August. Bei seinem Geruch scheiden sich die Geister. Riechen die Blüten nun gut oder schlecht? Bei gut riechenden Blüten wurde erwartet, dass auch die Früchte gut schmecken!

Wenn sie gut riechen – warum riechen dann die Früchte so faulig? Im Christentum wurden die weißen, süß duftenden Blüten und die daraus entstehenden schwarzen, faul schmeckenden Früchte als Scheinheiligkeit gedeutet. Sogar Leichengeruch wurde den Früchten angedichtet. Noch ein Gegensatz: Unreife Früchte sind giftig, gekocht machen sie gesund. Der Spruch: »Wenn man sich unter einen blühenden Holunder legt, ist man bis zum andern Morgen tot«, ging wohl auf den Geruch zurück. Auch habe dieser Kopfschmerzen verursacht. War es nun gut, unter ihm zu schlafen? Es hieß nämlich auch, wer unter einem Holunder schläft, wird von Frau Holder beschützt vor Mücken, Schlangen und jeglicher Verzauberung, was auch schutzbedürftigen Elfen zugute kam.

Steckt im Holunder das althochdeutsche »hol«, was hohler Baum meint? Auch seine hohlen Zweige können gemeint sein, die wir als Kinder zum Rauchen oder Steinchenschießen missbrauchten. Ältere Zweige sind hohl, junge mit Mark gefüllt. Aus dem Mark wurden »Stehaufmännchen« geschnitzt, auch »Purzelmännchen« genannt. Wurden die umgeworfen, standen sie immer wieder auf.

Vielleicht stammt der botanische Name *Sambucus* von »sambyke« ab, was eine Harfe aus Holunderholz bedeutet haben könnte. Auch sollen Flöten und »Hirtentrompeten« aus den Zweigen hergestellt worden sein. Der Naturliebhaber Karl Wilhelm Osterwald (1820-1887) brachte die Nutzungsvielfalt in seinem Text »Der Holunder« zum Ausdruck:

Seh' ich, Holunder, dich stehn im bescheidenen Winkel am Hause,
Mit dem ergrauten Stamm, aber mit freundlichem Grün,
Welches die weißen Dolden umher gar reinlich bekränzen,
Gleich' ich dem Mütterchen dich, welches die Haube bedeckt.
Freundlich bist du den Kindern gesinnt, gibst mancherlei Spielzeug,
Pfeifen und Büchsen zum Knall und das Koboldchen von Mark
Deinen Geliebten dahin und freust dich, wenn sie zum Spielen
Kommen mit Freuden zu dir, Mutter Holunder, getanzt.

In einem noch heute beliebten Abzählreim heißt es »Ringel, Ringel, Reihe, sind der Kinder dreie, sitzen hinterm Hollerbusch, rufen alle husch, husch, husch«.

Im Winter können wir den Holunder gut an der grob zerklüfteten Rinde älterer Zweige erkennen. Bei jungen Zweigen fallen die »Lenticellen« in der Rinde auf. Das sind kleine »Atemlöcher«. Bei unserem Holunder sahen die Vorfahre, eine Ähnlichkeit zwischen der Rinde und der geschrundenen Haut des gepeinigten Jesu. Sie glaubten, dass er mit einer Holunderrute geschlagen worden sei, weshalb die Rinde des Strauches wie die Haut des Gekreuzigten voller Schrunden sei.

Der Name »Holda« soll auf eine früh-germanische Muttergöttin zurückgehen. Die konnte als Gottheit des Hauswesens Fleiß und Ordnung belohnen, aber Unordnung und Faulheit bestrafen. In Westfalen hieß der Strauch »Hollerkenstruk«, Strauch der Holle, und »Erka von Herke«, was der göttlichen Macht der Frau Holle entsprechen sollte. Nach einem dänischen Volksglauben wohnten die »Hyldemoer«, die »Holundermutter«, und die »Hyllefro«, die »Holunderfrau«, im Holunder.

Der Holunder war der »Baum des Lebens«. So garantierte Hollerbeermus ein langes Leben, wie es folgende Sage von 1705 verrät: »Ein Fürst, der auf der Jagd von seinem Gefolge abgekommen und zu einer Bauernhütte gelangt ist, sieht hier einen greisen Mann in Tränen sitzen. Auf Nachfrage erzählt er, er sei gerade von seinem Vater geschlagen worden. Auf weiteres Fragen um den Grund berichtet jener, er habe seines Vaters Großvater vom Stuhl weg anderswohin setzen sollen und unversehens fallen lassen. Darüber verwundert, trat der Fürst ins Haus ein, um derlei Uralten selbst zu betrachten. Auf die Frage, von welcherlei Speise sie lebten, erwiderten sie, von Käse, Milch und gesalzenem Brot. Jedoch um zu so hohen Jahren zu kommen, äßen sie alljährlich auf bestimmte Zeit Hollerbeermus.« (Rehling & Bohnhorst: 228)

Wer Hexen provozieren wollte, musste aus einem Holunderzweig einen Stab schnitzen und am Osterabend in gute Milch legen. Blieb der Rahm dran hängen, wurde alles getrocknet. Am Sonnenwendabend wurde der Vorgang wiederholt. Nun ging man damit zum Sonnenwendfeuer. Und – was passierte? Alle Hexen liefen einem hinterher! So jedenfalls in Alpenburg, Tirol.

Gewalttätig ging es bei folgendem Brauch zu. Im Hornung, wie der zweite Monat im Jahr hieß, regierte »Die Frau«, Frau Holle. So wurde am 2. Februar das heidnische Fest der »Berchta« begangen, bei dem die »Weiber« im Sonnenschein tanzten. Sie hielten Holundergerten in ihren Händen, mit denen sie auf sich nähernde Männer einschlugen.

Auch der Holunder schlägt immer wieder aus. Mit ihm ist es wie mit Kindern: »Nachbars Kinder und Nachbars Holunder, Bannest du nie auf die Dauer. Schließest du ihnen die Türe, oh Wunder! Klettern sie über die Mauer.« Der Strauch war ein gutes Versteck für Wertsachen. Kehrte man nach Jahren zurück, war das Versteck mit dem Schatz leicht zu finden. Der damals abgeschlagene Holunder war wieder ausgetrieben und zeigte so das Versteck an.

»Under ere Holderstude und under eme rote Bart wachst nüd guets«, hieß es in Graubünden. Unter der »Holderstude« konnte nichts wachsen, da hier das Reich der Unterirdischen war, wie es in Zeugnissen aus dem Slawischen und Nordgermanischen heißt. In Preußen war es der Erdengott Puschkaitis, der hier sein Zelt aufgeschlagen hatte und dem Brot und Bier geopfert wurden. In Schweden hatten sich die Hausgeister eingerichtet, denen zwecks Besänftigung Milch über die Wurzeln gegossen und Geschenke gebracht wurden. Geschenke und Kinder trug man zum Holunder, um ihm Respekt zu erweisen, wie es in einem französischen Predigtbuch aus dem 13. Jahrhundert heißt.

Respekt war auch angesagt, wurden Zweige vom Strauch benötigt. Dann musste Frau Holder zuvor darum gebeten werden. Das tat auch der Pastor Arnkiel aus Nordschleswig. Jakob Grimm berichtet, dass der Pastor um 1703 vor dem Stutzen der Äste die Knie beugte, das Haupt entblößte und mit gefalteten Händen sprach: »Frau Elhorn gib mir was von deinem Holze, dann will ich dir von meinem auch was geben, wenn es wächst im Walde.« Der Pastor war keine Ausnahme. Allgemein war die Verhaltensweise bekannt: »Vor dem Holunder soll man den Hut ziehen und vor dem Wacholder die Knie beugen.«

Muttergottes in der Gnadenkapelle, Schneeberg

Auch die Mutter Jesu fand Eingang in die Geschichten. So soll bis 1862 dort, wo heute die Gnadenkapelle in Schneeberg steht, ein Holunder gestanden haben. Auf dem soll immer wieder das Muttergottesbild aus der Pfarrkirche zurückgekehrt sein. – Die weiße Blütenpracht des Holunders wurde nicht nur als Mütterchenhaube gedeutet, sondern auch als Windel, welche die Muttergottes hier zum Trocknen ausgebreitet hatte.

Um Unheil abzuwehren, wurden apotropäische Eigenschaften des Holunders genutzt. Ein Holunder vor der Stalltür schützte das Vieh vor Zauberei. Auch einTürriegel aus Holunderholz half dabet.

An Walpurgis wurden Kreuze aus Holunderzweigen auf die Felder, an Fenster und auf Düngerhaufen gesteckt, um Hexen abzuhalten – oder Maulwürfe. Man glaubte, dass der starke Geruch die Tiere vertreibe. Auch Sperlinge sollen den Geruch nicht gemocht haben. Daher wurde am »Stillen Freitag« (Karfreitag) um 12 Uhr unter dem Holunder Sand weggenommen und in die Saat gestreut.

Auf sehr alten Friedhöfen sind noch heute Holundersträucher zu finden. Sie stammen aus grauer Vorzeit. Der Hollerbusch war nicht nur »Baum des Lebens«, sondern auch »Baum des Todes«. Was hatte der Strauch an sich, dass er so genannt wurde? Es war das Vermögen eines abgehauenen Strauches, immer wieder auszuschlagen, was ihn zum Symbol der Auferstehung machte.

»Wenn ein Kind sterben soll, so giebt es vielfach schlimme Vorboten, die gleichsam auf ein solches Unglück vorbereiten. Unter der slavischen Bevölkerung des Spreewaldes giebt es die Buzawoscz, ein gespenstisches Weibchen, zwei bis drei Fuss hoch, mit langem Haar. Sie barmt und weint, wenn der Todesfall eines Kindes droht. Dann wechselt die Buzawoscz von ihrem Sitz in den Zweigen auf einen Platz unter den Holunder.«

In der Schweiz und in vielen anderen Gegenden galt bei der katholischen Bevölkerung der Brauch, der Leiche zwei Holunderstäbe kreuzweise auf die Brust zu legen. Neben der Leiche kam ein dritter Holunderstab zu liegen, mit dem der Schreiner Maß für den Sarg nahm. Der Fuhrmann des Leichenwagens trug statt einer Peitsche einen Zweig des »heiligen« Baumes.

Der Holunder gilt seit der Steinzeit als Heilpflanze: »Rinde, Beere, Blatt, Blüte, Jeder Teil ist Kraft und Güte, jeder segensvoll.« Üblich war auch die Übertragung von Krankheiten auf ihn. In der Ostprignitz wurde Fieber geheilt, wenn nachts bei abnehmendem Mond ein Bindfaden um den Holunder gelegt und gesprochen wurde: »Guten Morgen, Herr Flieder – ich bringe dir mein Fieber – ich binde dich an – Nun gehe ich in Gottes Namen davon.« Das Fieber verschwand auch, wenn ein Zettel mit dem Namen des Fieberkranken im Holunder versenkt wurde.

Frau Hölter war auch bei Zahnweh hilfreich. Dazu ging man rückwärts zum Strauch und sprach: »Liebe Frau Hölter, leih' mir ein Spälter, Den bring ich euch wieder.« Mit einem Messer wurde ein Rindenstück, dann ein Span dem Holz entnommen. Zurückgekehrt in die Stube wurde mit dem Span das Zahnfleisch geritzt, bis dieses blutig war. Nun galt es, den Span wieder zurück zu bringen, was feierlich auf gleiche Weise geschah.

Bist du erkältet, reichen zwei bis drei Dolden für einen heißen Tee. Je heißer dieser getrunken wird, umso mehr fängst du an zu schwitzen und desto schneller wirst du gesund.
Für den Sommer: Hast du etwas Geduld, bereitest du ein Kaltgetränk mit drei Holunderblütendolden, dem Saft einer Zitrone, 1 Liter Wasser und 2 Esslöffel Honig zu.

Syringa vulgaris

Gemeiner Flieder
Lilac

Zwei FliederSträucher standen am Eingang unseres Gartens, wie zwei Engel, die zum Eintritt in den »Hortus conclusus« einluden. Besonders schön anzusehen waren die beiden Sträucher im Fliedermonat, im Mai. Dann standen sie in voller Pracht, der eine mit weißen, der andere mit dunkelvioletten Blüten. Wie sie dufteten! Jedes Jahr im Fliedermonat stecke ich meine Nase in die kühlen Blüten, um diesen herrlichen Duft zu genießen. Im Fliedermonat Mai lässt Erich Kästner den Mai in einer Kutsche sitzen, den Hut ziehen und die Zeit in einer Fliederwelle versinken.

Damals wusste ich noch nichts von Richard Wagners »Meistersingern von Nürnberg«, und dass er darin den Hans Sachs singen lässt »Wie duftet doch der Flieder, so mild, so stark und voll.« Dabei ist zu bemerken, dass zwar Richard Wagner den Duft kannte, als die Oper 1868 uraufgeführt wurde. Dem Hans Sachs aber war der Flieder noch unbekannt. Der war damals noch nicht in Nürnberg angekommen. Hans Sachs verpasste den Flieder um wenige Jahre, er starb im Jahre 1576. Zwölf Jahre später soll der »blaue« Flieder im Garten des Nürnberger Arztes und Botanikers Joachim Camarius geduftet haben, als »Syringa flore coeruleo«. Die Farbbezeichnung »blau« hatte sich auch schon mit »coeruleo« im botanischen Namen niedergeschlagen.

Damit sind wir bei interessanten Fliederthemen angelangt: Wie und wann kam er zu uns? Was hat es mit dem Namen auf sich?

Der Flieder und auch viele andere Pflanzen in unseren Gärten und Parkanlagen sind uns so vertraut, dass wir sie nicht mehr als Zugezogene aus fernen Landen betrachten. Viele Gartenpflanzen kamen erst zu Beginn des 17. Jahrhunderts zu uns. So war es auch mit dem »Gemeinen Flieder«, welcher erst seit 1753 *Syringa vulgaris* heißt. »Gemein« heißt hier nicht, dass er böse, sondern »allgemein verbreitet« ist. Der Flieder fühlte sich zu diesem Zeitpunkt in Mitteleuropa wie zuhause. Aber die Heimat von *Syringa* sind Rumänien und dessen angrenzende Länder. Die Türken, eifrige Pflanzenliebhaber, hatten die Pflanze mitgenommen und in ihre heimischen Gärten gepflanzt. Danach hieß der Flieder später auch »Türkischer Flieder«. Sein richtiger, türkischer Name war »Lilac«.

Genau zweihundert Jahre, bevor Linné der Pflanze den Namen gab, tauchte der Flieder in einem Reisebericht über den Vorderen Orient von Pierre Belon auf. Das war 1553. Dann wurde eine Zeichnung von einem blühenden Zweig publik mit dem schönen Namen »Lilac«. Der Zeichner war Augerius Ghislain de Busbecq. Den Namen »Busbecq« sollte man sich merken, war der doch nicht nur mit dem Flieder unterwegs nach Wien. Bald bekam der kaiserliche Leibarzt und Botaniker Pietro Andrea Matthiolus richtige Fliederzweige mit Blüten bzw. Früchten in die Hand. Sie waren ihm aus Padua geschickt worden unter dem Namen »Seringa«, stammten aber wohl nicht aus dem 1545 gegründeten Botanischen Garten dort. Der Botaniker Giacomo Antonio Cortuso hatte den Flieder in seinem Garten stehen. Nicht nur in Padua war man auf die Pflanze aufmerksam geworden, bald gelangte sie nach Nürnberg. Dann war kein Halten mehr. Flieder, Flieder überall, auch als *Syringa lusitanica* von Tabernaemontanus beschrieben: »Seine Blumen stehen häuffig beysammen / klein und lang / von Farben schön lichtblaw« Während des 17. Jahrhunderts war der beliebte Strauch überall in Deutschland verbreitet. In »lichtblaw«. Ja, es gab den Flieder bis 1613 nur in »lichtblaw«. Weiße Blüten konnte man in diesem Jahr zuerst im Prachtwerk »Hortus Eystettensis« sehen.

Rotviolette Blüten waren um 1680 in Großbritannien entstanden und bekamen im Medizinal-Garten von Edinburgh bald den Namen *Syringa sive Lilac flore saturate purpureo.* Einen schönen Name gab es auch in Frankreich : »Lilas de Marly«. In Italien, Frankreich und England klingt in den volkstümlichen Namen immer dieses violett meinende »Lilac« an. Nur bei uns nicht. Hier ist der Name »Flieder« üblich. Doch wie kam es dazu? Bitte lesen Sie unter *Sambucus nigra,* Holunder, weiter, von dem der »Fliedertee« stammt (s.S. 106ff.)

Bald schmückte der Flieder in den Farben blassblau, rotviolett und weiß fast jeden Garten. Gleditsch, Direktor des Königlich Botanischen Gartens in Berlin-Schöneberg, nannte ihn 1773 (zwanzig Jahre nach Linné) einen »sehr gemeinen« Strauch. Sehr gemein ist der Flieder an warmen und trockenen Standorten. Hier verwildert er gerne, wie dies der in Ostpreußen geborene Schriftsteller Johannes Bobrowski beschrieben hat: »und nach der Gärtnerei König zu, gibt es verwilderten, kleinblütigen Flieder, der immer schon frühzeitig kraus gezogene braunfleckige Blätter zeigt«.

Erst relativ spät entdeckten die Züchter den Fliederstrauch als Objekt ihrer Begierde. Gefüllten weißen Flieder gab es erst 1823, also zweihundert Jahre nach der Entdeckung des weißen Flieders. Heute ist die Sortenanzahl sehr groß.

Von Hexen, Dämonen und ähnlichem ist beim Flieder nichts zu entdecken. Das Mittelalter mit diesen Gestalten war vorbei, als der Flieder bei uns eintraf. Aber dafür entstanden später zahlreiche schöne Gedichte und Schlager wie »Wenn der weiße Flieder wieder blüht«. An dieses Fliederlied erinnerte sich wehmütig die nach New York emigrierte Schriftstellerin Mascha Kaléko (»Frühlingslied«):

Der Flieder bringt die totgesagten Jahre wieder,
Und es ist, als reimten alle Lieder
Sich wie damals auf »Ich liebe dich«.

Sorbus aucuparia

Eberesche Vogelbeere Drosselbeeri

»Wenn ich ein Stückchen Land besässe«, schrieb die Schriftstellerin Else Lasker-Schüler zum Jahresende 1931, »ich würde mir ein kleines Wäldchen von Ebereschen pflanzen. Ein einziger der glühenden Bäume könnte schon das Glück eines Spätsommers ausmachen und verklären. Ja, die Eberesche leuchtet in den Dezember hinein, täglich etwas dunkler werdend und zweighängerischer.

Bis die letzte Koralle an der Dolde wartet auf die Schwarzdrossel, die sie aufpickt. Im schwarzen Frack, elegant, vornehmer noch als die Krähe, setzt sie sich nieder zum roten Beerenmahle. Oft schwingt sie sich aus einer Schneewolke herab, versammelt drei, vier, fünf und noch mehr der schwarzen Wintergäste auf dem gastlichen Baum. Auf den gerade haben sie es abgesehen! Aus den Gärten der Umgegend ragen ja noch einige Ebereschen korallengekrönt über die Dächer der Häuser, aber eben auf unserer Eberesche zu dinieren, sind die Gourmets erpicht.«

(Berliner Tageblatt, 31. Dezember 1931)

Der Vogelbeerbaum ist das ganze Jahr über schön, nicht nur im Winter mit seinen leuchtenden Früchten. Rahmweiß sind die Blüten; sie stehen in großer Gesellschaft in einem duftigen Blütenstand. Sie verschönern

den Mai. Orangerot färben sich die Früchte bereits ab Mitte Juli. Die werden im Winter die Wintersteher sein und unseren verbliebenen Vögel den Tisch decken. Ab Ende September schwindet langsam die grüne Farbe der Blätter und die Karminfarbe bestimmt bis zum Laubfall das Kleid des Vogelbeerbaumes. Im Winter können wir dessen grazilen Wuchs bewundern. Auch blattlos ist er eine Zierde in Gärten und Parks.

Die Eberesche hatte noch Ende des 19. Jahrhunderts sehr viele Namen, an die hundert, und wurde unter dem Gattungsnamen *Pirus* geführt. Bei Bern hieß der Baum »Drosselbeeri«, in Österreich die »Fauläsche«, »Moosbeerbaum« in Tirol und insbesondere der Name »Queckenboom« taucht in verschiedenen Variationen auf, wie auch Quitsche, Quetsche und Quäckboom in Ostfriesland. Der Wortstamm ist das alte »quick«. Wir denken an quicklebendig und so ist es auch bei unserem *Sorbus* in der Bedeutung von lebendig, frisch. Gemeint war wohl die große Keimfähigkeit des Samens.

Auch Namen wie Spatzenkirsche, Gimpelbeer, Nachtigallenholt und Hünnerkirsch sind schön. Eberesche, das ist eigentlich die »Aberäsche«, was meint, dass sie – großzügig betrachtet – ähnlich gefiederte Blätter hat wie die Gewöhnliche Esche, *Fraxinus excelsior.* Der Vogel als Bestandteil des Baumnamens erscheint auch im Artepitheton: *aucuparia.*

Wenden wir uns den Blüten und Früchten zu. Wie bei zahlreichen Rosengewächsen besteht auch bei der Eberesche eine einzelne Blüte aus fünf Kelch- und fünf Kronblättern, aber vielen Staubblättern. Die Blüten stehen in Doldenrispen zusammen. Bei den Früchten hat sich die Pflanze folgende Farbkombination ausgedacht: außen schön rot, innen schlummern die Samen in möhrenfarbigem Orange. Das gefällt vielen Vögeln wie den Amseln, Staren, Seidenschwänzen und auch den Birkhühnern. Sogar der Fuchs frisst die Früchte, wenn er im Winter nichts anderes findet, aber wohl nicht wegen ihrer Farbe. Interessant ist, dass alle Tiere die harten Samen unverdaut wieder ausscheiden. Das nennt man »Endozoochorie«, und das ist von der Natur für die Samenverbreiterung klug ausgedacht. Ob die Eberesche das weiß und deshalb ins Fruchtfleisch an die neun Prozent Zucker lagert, damit sie gerne gegessen und so verbreitet wird?

Es heißt, die Eberesche habe eine breite ökologische Amplitude. Das bedeutet, dass sie an vielen verschiedenen Standorten wachsen kann, an felsigen Hängen, in Wäldern und auch an der Landstraße, in Städten zwischen den Häusern (wie bei Else Lasker-Schüler im Hinterhof ihres Berliner Hotels) und in unseren Gärten. Gerne steht sie auch allein da; sie meidet wohl in lichten Hecken und im Vorwaldgehölz die Konkurrenz ihrer Artgenossen. Hoch im Gebirge, in der Krummholzstufe, gibt es eine »Unterart« von ihr, welche den dortigen schlechten Bedingungen gut zu trotzen versteht. Sie heißt *Sorbus aucuparia* subspecies *glabrata,* bevorzugt als Wuchsweise die Strauchform, bildet keine runden, sondern eiförmige dicke Früchte aus.

Der schöne Baum mit den roten Früchten war schon unseren Vorfahren aufgefallen, wie zahlreiche Geschichten berichten. Während der Johannisnacht sollen in Oldenburg die Blütenknospen gefährdet gewesen sein, da diese von den Hexen so gemocht wurden. Rot war auch die Bartfarbe des germanischen Donnergottes Donar. Der soll den Baum einst im Strom erfasst und sich daran festgehalten haben.

Von seiner Zauberkraft berichtete ein Dr. Beyer aus Mecklenburg. Am Walpurgisabend wurden Quitschenzweige an die Stalltüren gesteckt und am nächsten Morgen mit den Zweigen die Kühe gestreichelt. Nun sollten diese mehr Milch geben. Ums Drachenverscheuchen ging es am Niederrhein, wo in der Mainacht die Zweige vom »Drachenbaum« vor die Ställe gepflanzt wurden.

Wenn am Niederrhein ein Rind getauft wurde, kam ein Zweig zum Einsatz, wie Montanus schrieb: »Das jährige Rind oder die Stirke, welche zur Milchkuh erzogen wird, muss am Maimorgen einen Namen erhalten. In aller Frühe, ehe der Tag graut, geht der Hirt auf die Stelle des Berges oder Waldes, wohin die ersten Sonnenstrahlen fallen. Dort schneidet er das Reis eines Vogelbeerbaumes mit einem scharfen Schnitt ab. Im Hofe versammeln sich die Hausbewohner und Nachbarn. Das Rind wird in die Mitte des Hofes geführt, und der Hirt schlägt es dreimal mit dem Vogelbeerzweig auf den Rücken und spricht:

Quick, Quick, Quick!
Bringt Milch wohl in die Stirk.
Der Saft kommt in die Birken, und
Ein'n Namen geb' ich der Stirken,

Der Saft kommt in die Buchen,
das Laub kommt auf die Eiche, N. sollst du heißen!«

Ein Loblied auf den »Vuglbärbaam« wurde noch um 1900 im Erzgebirge gesungen. Er sei der schönste Baum, unter dem man sitzt, auch schläft und den man auf sein Grab gesetzt haben möchte.

Die rote Farbe der Frucht war auch ein Sinnbild der Liebe; so in einem Hochzeitslied aus dem Erzgebirge. Bis ins vergangene Jahrhundert herrschte der Brauch, zwei Hochzeitsbäume vor das Haus des Paares zu pflanzen. Von diesem Brauch berichtet das Lied »Schie iss e' Vug'lbeerbaam«, in dessen dritten Strophe (Selbmann: 56) es heißt:

Tätst de mich mög'n ...
Hüb'n un drüb'n, dort wu de Haustür gieht,
Pflanzet zwaa Vug'lbeerbaam'ln ich ei

In der letzten Strophe heißt es:

Wie die zwaa Baam woll'n nab'nnanner mir schtieh,
Rut wie de Beer'n soll de Lieb in uns blüh.

Tilia spec.

Linde

Als die Autorin sich aufmachte, Bäume genauer kennen zu lernen, war es gerade Winter. Zu dieser Jahreszeit sind die Bäume kahl, ohne wichtige Merkmale wie Blätter, Blüten und Früchte. Doch was tun? Sie befolgte den Rat eines alten Baumfreundes: An einem Baum ist immer etwas dran, woran du ihn erkennen kannst. Betrachte ihn von der Krone bis zu den Wurzeln und du entdeckst etwas, was dich zum Namen führt. Auch Rindenbetrachtungen, Größe und Form der Knospen, Analyse der Verzweigung, die Architektur des Baumes überhaupt geben Hinweise. So wurde beim Blick in die Baumkrone etwas Bekanntes entdeckt: Alte Früchtchen, welche mit trockenen Hochblättern an den Zweigen hingen (dass es Hochblätter waren, erfuhr sie später). Der erste so ins Auge gefasste Baum war eine Linde.

An den Flugkünsten der Lindenfrüchtchen erfreuen sich nicht nur Kinder. Wenn man das Glück hat, vor dem Fenster eine Linde stehen zu haben, kann die herbstliche Reise von Hunderten von Lindenflugorganen beobachtet werden. Ein Tanz, der begeistert! Das Hochblatt dreht sich wie ein Propeller und führt die Früchtchen in ihrer Mitte mit sich. Die Größe des Hochblatts, sein Winkel zu den Fruchtstielen, die Anzahl der Früchte und deren Gewicht – alles ist genau vermessen, gewogen und für gut befunden. Welcher Techniker kann so etwas nachmachen?

Hochblatt mit Nussfrüchten

Im Februar fragte sich Theodor Storm, wo der Frühling im Winter war. Ob vielleicht in den Knospen der Linde?

Im Winde wehn die Lindenzweige,
Von roten Knospen übersäumt;
Die Wiegen sind's, worin der Frühling
Die schlimme Winterzeit verträumt.

Ende April entlassen die roten Knospen ihren bisher geschützten Schatz. Lindgrüne Lindenblätter machen die Baumkrone blickdicht; bald erwachen auch die linden Blütendüfte. Der liebliche Duft erfüllt Stadt und Land und lädt die Bienen zum Besuch ein. Dann ist Sommer. Dann können die Blüten gesammelt werden für den Winter, für den Lindenblütentee, der mit seinem sommerlichen Duft Erkältungen vertreiben hilft.

Hermann Hesse schrieb über den »wehenden Duft der Lindenblüte« als ein nicht käufliches Gottesgeschenk. Sich dieses kleinen Geschenkes bewusst zu sein und es anzunehmen, kann schon glücklich machen!

Ob wir eine Winterlinde vor uns haben oder eine Sommerlinde, ist leicht zu ermitteln. Die Winterlinde blüht zwei Wochen später als die Sommerlinde und hat kleinere Blätter. Bei beiden sind die Blätter herzförmig gestaltet, was besonders Verliebte erfreuen dürfte, wenn sie unter solch einem Baum sitzen, wie es Heinrich Heine getan hat:

Mondscheintrunkne Lindenblüten,
Sie ergießen ihre Düfte,
und von Nachtigallenliedern
Sind erfüllet Laub und Lüfte.
Lieblich lässt es sich, Geliebter,
Unter dieser Linde sitzen,
Wenn die goldnen Mondeslichter
Durch des Baumes Blätter blitzen.
Sieh dies Lindenblatt! du wirst es
Wie ein Herz gestaltet finden;
Darum sitzen die Verliebten
Auch am liebsten unter Linden …

Herzförmiges Blatt
der Winterlinde,
Tilia cordata

Geträumt hat Heinrich Heine auch: »Es war eine Nacht im Maie / Wir saßen unter dem Lindenbaum / und schwuren uns ewige Treue …«. Als er bei seinem Berlinbesuch vor ungefähr zweihundert Jahren Unter den Linden spazieren ging, wollte er nicht erkannt werden: »Und grüß' mich nicht Unter den Linden«.

Prospect o. Weg, gegen dem Thier-Garden vor Berlin., Johann Stridbeck d. J., 1691

Der erste Flaneur unter den Linden war der Große Kurfürst. Er ließ nach dem Dreißigjährigen Krieg diese Allee anlegen, um den Lustgarten vor dem Berliner Schloss mit seinem Jagdrevier, dem Tiergarten, zu verbinden. Tausend Linden und tausend Nussbäume sollen gepflanzt worden sein. Von den vielen Bäumen ist hier heute so gut wie nichts mehr zu sehen. Der Zweite Weltkrieg, die anschließenden Baumfällaktionen sowie langjährige Straßenbauarbeiten reduzierten den Baumbestand.

In einem Brandenburger Schlossgarten fällt die Architektur einer alten Linde auf. Ihre unteren, sehr starken Zweige stehen waagerecht ab. Auf diese Zweige hatte man früher Bretter gelegt. Dann wurde um die Tanzlinde getanzt. In der Mitte vieler Ortschaften gab es eine Linde als Treffpunkt für Jung und Alt. Auch Gerichtslinden vergangener Jahrhunderte gibt es noch; sie werden gehegt und gepflegt.

Das Alter mancher Gerichtslinden wird mit tausend Jahren angegeben. Aber kann das sein? Der Baum müsste im 10./11. Jahrhundert gepflanzt worden sein. Die angeblich älteste Linde Deutschlands steht in Schenklengsfeld bei Bad Hersfeld. Sie hat einen Stammumfang von über 18 Metern und soll an die zwölftausend Jahre alt sein. Warum wurde gerade unter einem Baum das Recht gesprochen? Es hieß in den alten Vorschriften, das Gericht müsse unter freiem Himmel tagen. Warum? Fühlten sich die Rechtsprechenden so dem Himmel, dem obersten Richter näher? Auch andere Bäume waren »Gerichtsbäume«. Aber die Linde war ihnen an Alter, Höhe und majestätischer Erscheinung überlegen.

Eine Linde war es, welche die Unschuld eines gehängten Mannes anzeigte. Die Verleumder konnten bestraft werden, wie es in der Geschichte »Die Linde zu Grefrath« von 1876 geschildert ist: »Vor langer Zeit saßen auf dem Recht- oder Thingstuhle zu Grefrath Männer, die sich beim Urteilsprechen manche Ungerechtigkeiten zu schulden kommen ließen. Nur einer machte eine Ausnahme. Der war deshalb den anderen ein Dorn im Auge. Gern hätten sie ihn beiseite geschafft und ihm das Ärgste bereitet. Doch wie sollte das geschehen, da er sich keines Fehlers, geschweige eines Verbrechens schuldig machte? Die Gottlosen wussten Rat. Sie steckten fremdes Gut in seine Tasche und stellten eine Untersuchung an. Der Ehrenmann wurde als Dieb angesehen, ins Gefängnis gesteckt und zum Galgen verurteilt. Sein Weib begleitete ihn zur Richtstätte und wich nicht von seiner Seite. Als man ihr den Tod ihres Mannes meldete, lehnte sie ihr Haupt an einen Lindenbaum und rief klagend aus: »Ach Himmel, hilf mir!« Kaum war das Wort gesprochen, verlor der Baum seine Blätter. Das war das Zeichen, dass ein ungerechter Mord geschehen war. Wie der Baum die Blätter, so verloren die gottlosen Schöffen nach und nach ihr Hab und Gut und wurden arme Leute.« (Nießen 2. Bd.: 229f)

Dorfplatz unter der Linde;
Schweizer Bilderchronik, 1513

Wer lernte in der Schule nicht das Lied von Wilhelm Müller »Am Brunnen vor dem Tore«! Mich schaudert bei: »ich schnitt in seine Rinde so manches liebes Wort«. Das tut man nicht! Mit dem Hineinschnitzen werden die Versorgungsbahnen des Baumes verletzt. Müller meinte es gut, wollte nur, »manches liebes Wort« verewigen.

Baluschek, Am Brunnen vor dem Tore, Bildpostkarte, 1935

Lindenholz ist bestes Schnitzholz; es hat ein feine Maserung und eine schöne Färbung. Der Bildschnitzer Tilman Riemenschneider schuf im 15. und 16. Jahrhundert aus Lindenholz seine schönsten Werke.

Ein Lindenblatt wurde dem Drachentöter Siegfried zum Verhängnis. Nachdem der Held den Drachen getötet hatte, badete er in dessen Blut, wodurch er unverwundbar wurde. Nur eine Stelle an seiner Schulter hatte das Drachenblut nicht benetzen können, da hierhin ein Lindenblatt gefallen war. Hagen erfuhr von der verwundbaren Stelle und konnte Siegfried so töten.

Warum eine Kette in einen Lindenstamm eingewachsen ist, erzählt die Geschichte von der Mittagsmöhn. In der sommerlichen Mittagsschwüle, wenn kein Lüftchen sich regt, hält alles Leben den Atem an. Dann gingen gespenstische Wesen sachte umher, segnend und warnend und strafend. Im Felde war es die Mittagsmöhn oder die Roggenmuhme, im Walde ein gespenstisches Weib, das auf einem Einhorn ritt, wie Arnold Böcklin es in seinem »Schweigen im Walde« künstlerisch dargestellt hat.

Viscum album

Weissbeerige Mistel

Die Mistel! Sie ist das interessanteste Gehölz in unserem Büchlein. Es ist nichts Schönes an ihr, wird von den Menschen nur um die Weihnachtszeit geschätzt. Vögel hingegen mögen sie sehr und die alten Druiden, wie Miraculix. Für die war die Mistel das Objekt der Begierde.

In der Krebstherapie ist die Mistel die Hoffnung vieler Erkrankter.

Wenn sie auch nicht schön ist, aber interessant ist dieser Halbschmarotzer, was seine Lebensweise betrifft, seine Geschichte und Symbolik. Die Mistel ist weder Baum noch Strauch, aber als Gehölz können wir sie durchgehen lassen.

Unsere Vorfahren staunten nicht schlecht, als sie am Julfest die durch Winterkälte erstarrten Bäume schüttelten, damit diese nicht den himmlischen Segen verschliefen. Auch die Bäume sollten sich zum Empfang der Götter rüsten! Doch was war das dort im Wipfel des Baumes? Ein grüner Strauch! Der konnte doch wohl nur vom Himmel gefallen sein! Und noch heute fragen sich viele angesichts der in Baumkronen befindlichen Misteln, wie diese dahin gekommen sind.

Ungewöhnlich, aber passend: Kommen wir zu Mozart und seinem Papageno, dem Vogelfänger. Wahrscheinlich fing dieser seine Vögel selbst, um sie zu verkaufen. Papageno wusste am Ende des 18. Jahrhunderts, dass zum Vogelfang Leim nötig war. Der wurde ihm von der Mistel geliefert. Das hatte bereits der Römer Titus Maccius Plautus (um 254 bis 184 v. Chr.) gewusst, da er schrieb: »Der Vogel schafft sich selbst den Tod; denn mit der Mistel, welche er säet, wird er später selbst gefangen.« Auch ein Sprichwort bringt dies zum Ausdruck »Turdus ipse sibi malum cacat«, das heißt übersetzt: Die Drossel kackt sich selbst ihr Unglück.

Der botanische Gattungsnamen *Viscum* führt zum Begriff »Viskosität«, durch den der Grad der Zähigkeit einer Flüssigkeit definiert wird. Zähflüssig ist das Innere der Mistelfrucht. Das kann selbst ausprobiert werden: Eine Mistelfrucht zwischen Daumen und Zeigefinger drücken, die Finger lösen, nun spannt sich zwischen den Fingern ein klebriger Faden. Die Klebrigkeit ist auf das schleimige Fruchtfleisch zurückzuführen.

Das hat sich die Pflanze gut ausgedacht, möchte sie sich doch auf einem anderen Baum vermehren. Doch wie kann sie dies nur bewerkstelligen? Sie nimmt die Vögel zu Hilfe!

Klebrige Beeren sind eine exzellente Erfindung. Den Vögeln bietet die Mistel schmackhafte Früchte als Nahrung an. Wenn der Vogel zum nächsten Baum fliegt und den Schnabel abputzt, bleiben die harten unverdaulichen Samen kleben. Das nennt man Verdauungsverbreitung (Endozoochorie). Nun ist alles vorbereitet, dass der Mistelsamen hier ein Leben unabhängig von der Mutterpflanze beginnen kann. Er keimt aus. Aber wie er das macht, ist einzigartig! Eine Haftscheibe wächst aus dem Samen mit einem Saugfortsatz in den Zweig des »Wirtes« hinein, bis zwischen dessen Rinde und Holz ein fester Kontakt hergestellt ist. Rindensaugstränge breiten sich aus; Wurzeln wachsen ein, die später als »Senker« bis in die Wasserleitbahnen des Baumes führen. Dadurch ist die wichtigste Etappe gelungen: Die Mistel kann nun dem Wirtsbaum mineralstoffreiches Wasser entnehmen.

Ein Mistelsame ist in die Wirtspflanze eingedrungen

Das Typische eines Halbschmarotzers ist, sich des Wirtes nicht in voller Gänze zu bedienen, sondern selbst für die Ernährung zu sorgen. Die Mistel ist grün, kann also die Photosynthese betreiben und Zucker produzieren. Weitere Mistelzweige wachsen auf der Wirtspflanze zu einem kugeligen »Donnerbesen« heran. Erst nach Jahren beginnt die Mistel zu blühen; erst nach neun Monaten sind die Früchte herangereift.

Misteln schädigen die Wirtspflanze besonders dann, wenn diese alt und krank ist oder wenn zu viele Misteln auf ihr wachsen, dadurch zu schwer werden und den Wirt zum Einsturz bringen. Die Mistel abzuschneiden, um den Wirt zu schützen, bringt nichts, reichen doch die »Senker« tief in die Zweige hinein und müssten entfernt werden.

Die Bräuche und Geschichten um die Mistel basieren darauf, dass sie auch im Winter grün ist und dann weithin sichtbar in den Baumkronen sind. Auch die gabelige Verzweigung animierte zu Interpretationen, sieht diese doch wie ein Schlüssel aus. Doch was soll aufgeschlossen werden?

Was vom Himmel gefallen ist, kann nur gut sein und heilsam und Wunder bewirken und Glück verheißen: »No mistletoe, no luck«, lautet ein alter walischer Spruch. Die Geschichten reichen bis zur mittelalterlichen Wintersonnenwende, zu den keltischen Druiden und zu den Mythen des Mittelmeeres.

Die gabelige Verzweigung der Mistel erinnert an eine Wünschelrute aus Haselzweigen (s.S. 45). Mit der wird Wasser im Boden gefunden; sie war hilfreich beim Schutz vor Verzauberung und Gespenstern, wie auch beim Öffnen verschlossener Türen sowie als Glücks- und Heilsbringer. Amulette aus Misteln wurden den Kindern um den Hals gebunden: »... henkens den jungen kindern an die hälß, der meinung / es soll den selben kindern kein zauberei oder gespenst schaden ...«. Das wurde Jahrhunderte lang so gemacht. War das Vieh verzaubert, wurden Misteln mit Bier abgekocht und als Heiltrank gegeben. Bereits in der Antike wurde bei Viehseuchen ein Aufguss der Mistel, diesmal in Wein, dem Vieh in die Nase gegossen. Überall in Haus und Hof hing die Mistel. Wenn sich beim »Wettern« die Hexen auf die Baumwipfel setzten, war es gut, einen Mistelkranz um den Baum zu ziehen. Dadurch waren die Hexen »gesperrt« und das Wettern hatte ein Ende.

Persephone, die Unterweltsgöttin, wurde vom Dichter Vergil (70-19 v. Chr.) »Herrin des magischen Stabes« genannt. Mit dem »magischen Stab«, dem »goldenen Reis«, der »Virga aurea« vermochte sie die Pforten zur Unterwelt zu öffnen. So konnte Aeneas einen Blick in die Zukunft Roms tun.
Auch führte die Berührung mit dem Zweig in den Schlaf. Hermes gelei-

tete verstorbene Männer in den Hades, nachdem er mit dem magischen Zweig dessen Pforten geöffnet hatte.

Spannend ist eine Geschichte aus dem preußischen Samland: Zwei Männer waren einst durch die Beeren einer Mistel auf einer Hasel, welche klar und glänzend wie Silber waren und dazu die ungewöhnliche Größe einer Nuss hatten, auf diese Pflanze aufmerksam geworden. An einem Sonntag gingen sie hin, um den verborgenen Schatz auszugraben. Sie nahmen den Haselstrauch heraus und durchwühlten den Boden, als ein dreibeiniger, lahmer Hase auf sie zulief. Doch gruben sie weiter, als plötzlich der Wächter des Schatzes, ein schwarzer Hund mit nachschleppender Kette, auf die Männer zukam. Vor Schreck schrie einer der beiden Männer auf. Sofort waren Hund und Schatz, den sie schon mit dem Spaten gefühlt hatten, verschwunden. Als der Strauch wieder grünte und die Mistel wieder ihre auffallenden Beeren trug, gelang es den Männern, den Schatz zu heben. Doch sie verrieten niemandem, wie groß ihr Goldfund war und wo sie ihn bewahrten. Sie waren arm und blieben arm, bis sie im folgenden Jahr beide zu derselben Zeit, in der sie den Schatz gehoben hatten, starben.

Aus einer isländischen Handschrift des 18. Jahrhunderts

Traurig endet die Geschichte von Balder, dem jungen, schönen und gerechten Richter. In ihr geht es um Vertrauen und Verrat, Neid und Verschlagenheit, Sommer und Winter und um einen unschuldigen kleinen Mistelzweig, der in den Händen des blinden Hödur zum Mordinstrument wurde. So steht es in der nordischen Edda. Den Mistelzweig warf Hödur gegen seinen geliebten Bruder Baldur; der böse Loki hatte ihn dazu angestiftet. Baldur starb und es breitete sich Dunkelheit aus; die Sommersonnenwende war eingeleitet.

Bisher war die Rede von der Weißbeerigen Mistel, *Viscum album*. Je nachdem, auf welchem Baum sie wächst, wird sie als Unterart geführt. Die Eichenmistel, *Loranthus europaeus*, ist doch eine besondere und wurde von den Kelten geschätzt. Sie kommt zwar in unseren Breiten vor, ist jedoch selten.

Plinius d.Ä. soll über die Kelten gesagt haben: »Ihre Priester, die Druiden, kennen nichts Heiligeres als die Mistel und den Baum, auf welchem sie wächst«. Sie stand bei den Kelten in hohem Ansehen, wenn sie auf einer Eiche wuchs. In feierlichster Weise wurde sie aus dem Wald geholt: Einmal im Jahr, am sechsten Tag nach Neumond, begannen die Kelten ihre Monate von neuem. Ihre Priester zogen, von einer Menschenmenge gefolgt, in den Wald. Der Auserwählte, welcher die »alles heilende« Mistel zu schneiden hatte, war in schneeweiße Gewänder gehüllt. Er fuhr in einem von zwei weißen, bekränzten Stieren gezogenen Wagen. Die Stiere trugen zum ersten Mal das Joch. Unter der die Mistel tragenden Eiche wurden Opfer gebracht. Dann bestieg der Druide die Eiche – nur eine solche durfte es sein – und schnitt mit seiner goldenen Sichel die Mistel. Die heiligen Zweige wurden von einem schwarzen Tuch aufgefangen. Der Oberpriester weihte die Zweige und verteilte sie unter den Versammelten.

In dem gallischen Dorf war es der Druide Miraculix, welcher die Mistel mit der goldenen Sichel schnitt. Er benötigte die Pflanze für seinen Zaubertrank. Es hieß, die Mistel hättean diesem Tag besondere Zauberkräfte. Miraculix hatte es gut: Schon damals gab es jeden Monat einen Vollmond. Die anderen Druiden waren auf den Neumond im sechsten Monat fixiert.

Auch in der Phytotherapie ist *Viscum* seit vielen Jahren vertreten. Hier nur so viel: probieren Sie einmal einen Aufguss aus Mistel aus dem Kräuterhaus. Das soll den Kreislauf wieder normalisieren.

Literaturverzeichnis

Ahrendt, Dorothee & Gertraud Aepfler, 1997. Goethes Gärten in Weimar. Edition Leipzig.

Altnordische Götter- und Heldensagen. Nacherzählt von Hans-Jürgen Hube. Insel Taschenbuch 1859. 1. Auflage 1996. Insel Verlag Frankfurt am Main und Leipzig. Suhrkamp Taschenbuch Verlag.

Die Edda. Götterdichtung, Spruchweisheit + Heldengesänge der Germanen. 1997. Übertragen von Felix Genzmer. Eingeleitet von Kurt Schier. Eugen Diederichs Verlag. München. Sonderausgabe.

Durieux, Tilla, 1980. Meine ersten neunzig Jahre. Erinnerungen. Henschelverlag. Berlin. Lizenzausgabe.

Echtermeyer, Theodor, 1897. Auswahl Deutscher Gedichte für höhere Schulen. 32. Auflage, hrsg. von Ferdinand Becher. Halle a.S., Verlag der Buchhandlung des Waisenhauses.

Genaust, Helmut 2012. Etymologisches Wörterbuch der botanischen Pflanzennamen. 3. vollständig überarbeitete und erweiterte Ausgabe. Nikol Verlag, Hamburg.

Haupt, Karl 1862/63. Sagenbuch der Lausitz. Fotomechanischer Neudruck. Domowina-Verlag, Bautzen 1991.

Hindermann, Frederico, 1985. Sag ich's euch, geliebte Bäume. Texte aus der Weltliteratur. Zürich. 2. Aufl.

Homer. Odyssee, übersetzt von Roland Hampe, 1979. Philipp Reclam jun. Stuttgart.

Insel-Buch der Bäume, 1996. Gedichte und Prosa. Ausgewählt von Gottfried Honnefelder.

Klockenbring, Frank, 1944. Wildfrüchte und Wildgemüse. Verlag Lemmer Berlin.

Krausch, Heinz-Dieter, 2007. Kaiserkron und Päonien rot… Von der Entdeckung und Einführung unserer Gartenblumen. DTV, München.

Lasker-Schüler, Else, 1977. Das Insel-Buch der Bäume. Ausgewählt von Honnefelder, Gottfried. Frankfurt a.M.

Luxemburg, Rosa, 1986. Briefe aus dem Gefängnis. Dietz Verlag Berlin.

Mercante, Anthony, 1980. Der magische Garten. Pflanzen in Mythologie und Brauchtum, Sage, Märchen und geheimer Bedeutung. Deutsche Ausgabe by Edition SV international. Schweizer Verlagshaus, Zürich.

Mohr, Gerd Heinz & Volker Sommer, 1988. Die Rose. Entfaltung eines Symbols. Eugen Diederichs-Verlag, München.

Müller, Irmgard, 1993. Die pflanzlichen Heilmittel bei Hildegard von Bingen, Verlag Herder.

Nießen, Joseph, 1936. Rheinische Volksbotanik Die Pflanzen in Sprache, Glaube und Brauch des rheinischen Volkes. 1. Band: Die Pflanzen in der Sprache des Volkes. Ferd. Dümmlers Verlag Berlin und Bonn.

dto. 1936. Rheinische Volksbotanik. 2. Band: Die Pflanzen im Volksglauben und Volksbrauch.

Ovid. Metamorphosen. In Prosa neu übersetzt von Gerhard Fink. 1997. Fischer Taschenbuch Verlag Frankfurt am Main.

Peters, Hermann, 1928. Aus der Geschichte der Pflanzenwelt in Wort und Bild. Hrsg. von der Gesellschaft für Geschichte der Pharmazie. Arthur Nemayer Verlag, Mittenwald.

Ploss, Hermann Heinrich, 1882. Das Kind in Brauch und Sitte der Volker : Anthropologische Studien.

Pritzel, G. & C. Jessen. 1882. Die deutschen Volksnamen der Pflanzen. Neuer Beitrag zum deutschen Sprachschatze. Hannover. Verlag von Philipp Cohen.

Reinhardt, Ludwig, 1911. Kulturgeschichte der Nutzpflanzen (Die Erde und die Kultur, Band IV 1. und 2. Hälfte. E. Reinhardt, München.

Reling, H. & J. Bohnhorst, 1889. Unsere Pflanzen nach ihren deutschen Volksnamen, ihrer Stellung in Mythologie und Volksglauben, in Sitte und Sage, in Geschichte und Literatur. E.F. Thienmanns Hofbuchhandlung, Gotha. 2. Aufl.

Scholz, Hildemar, 1995. Spermatophyta: Angiospermae: Dicotyledones 2 (3). In: Hegi, Gustav. Illustrierte Flora von Mitteleuropa. Bd. IV, Teil 2B. Blackwell Wissenschafts-Verlag Berlin, Wien.

Schrott, Raoul, 1997. Die Erfindung der Poesie. Gedichte aus den ersten viertausend Jahren, Frankfurt a. M.

Selbmann, Sibylle, 1984. Der Baum. Symbol und Schicksal des Menschen. Ausstellungskatalog. Hrsg. von der Badischen Landesbibliothek Karlsruhe

Stifter, Adalbert, o.J.. Der Nachsommer. Insel-Verlag zu Leipzig

Strantz von, M. 1875. Die Blumen. Sage und Geschichte. Berlin. Verlag von Eh. Chr. Fr. Enslin.

Tergit, Gabriele, 1963. Kaiserkron' und Päonien rot. Kleine Kulturgeschichte der Blumen. Knaur.

Van Gogh, Vincent. 1959 Als Mensch unter Menschen. Vincent van Gogh in seinen Briefen an den Bruder Theo. 1959. Henschelverlag Kunst und Gesellschaft. Lizenzausgabe des Albert Langen Georg Müller Verlages GmbH, München, Wien. Band 2

Verdi, Guiseppe. La Traviata. Oper in drei Akten. Text von Francesco Maria Piave. Deutsche Übersetzung von Walter Felsenstein, 1961. Edition Peters. Leipzig.

Wimmer, C.A., 1985. Die Gärten des Charlottenburger Schlosses. Hrsg.: Senatsverwaltung für Stadtentwicklung und Umweltschutz. Berlin.

Bildquellenverzeichnis

Wikimedia Commons:

American plants, Joseph Dalton Hooker, Illustration: Mary Vaux Walcott, 1885: Seiten

Atlas des plantes de France. 1891: Seite 21

Bookshaw, George, Pomona britannica, London 1817: Seite 47

Brun, Pierre le, Histoire critique des pratiques superstitieuses, (Jean-Frederic Bernard, 1733–1736): Seite 45

Curtis's botanical magazine from www.botanicus.org: Seite 19 - 20, 31, 72

Deutschlands Flora in Abbildungen, 1796, Johann Georg Sturm, Illustrator: Jacob Sturm. Source: www.BioLib.de: Umschlag und Seiten: 87, 116

Diebold, Schilling, Dorfgerichte, 1513: Seite 123

Flora Batava of Afbeeldingen en Beschrijving van Nederlandsche Gewassen, XII. Deel. (1865) 13, 89

Flora Japonica, from Siebold/Zuccarini, published by Kurt Stueber, 1870: Seiten 29, 62, 64, 65,

Flora von Deutschland, Österreich und der Schweiz 1885. Prof. Dr. Otto Wilhelm Thomé, Gera, Germany Permission granted to use under GFDL by Kurt Stueber Source: www.BioLib.de: Umschlag und Seiten 9 - 14, 16, 21 - 22, 24, 26, 33 - 41, 43, 48, 50, 52, 75, 78, 80 - 81, 85, 88, 92 - 98, 102 - 103, 116 - 117, 125, 129

Köhler's Medizinal-Pflanzen, 1890, Franz Eugen Köhler: Seiten 25, 52 - 60, 66-67, 70, 106, 120 - 121

Kreuterbuch of Lonitzer, 1577: Seite 79

Lindman, Carl Magnus: Seiten 50 (Foto gesäubert und optimiert durch O. Tackenberg), 127

Mahonia aquifolium Illustrated by Frederick Pursh in his Flora Americae Septentrionalis, 1814: S. 83

MediDesign Frank Geisler: Seite 116

Meyer, Zeit-Vertreib, Tafel 2: S. 69The Beguiling of Merlin, by Edward Burne Jones, 1874: Seite 49

Sachs, Julius, Vorlesungen über Pflanzenphysiologie, Leipzig, 1887: Seite 126

The North American sylva, or A description of the forest trees of the United States, Canada and Nova Scotia: Seite

L. Watson and M. J. Dallwitz, The families of flowering plants: Seite 50
Wikimedia Commons: Seiten 14, 17-18, 30, 42, 47 (Foto: Böhringer), 54, 55 (Foto: El Grafo), 57 (Foto: Steffen Heinz), 61, 68, 73 (Foto: CTHOE+KENPAI), 86, 98, 98 (Foto: Denis Barthel), 100 (Foto: Stefan Lochner), 101, 104, 109 (Bomengids, NL), 113, 128

Alle übrigen Abbildungen: Archiv Rosemarie Gebauer

Namensregister

Rosemarie Gebauer wuchs in einem Garten auf. Nach verschiedenen Berufen schloss sie ihr Studium an der Freien Universität Berlin als Diplombiologin ab. Es folgten Lehraufträge und Anstellung als wissenschaftliche Angestellte. Dann lenkte sie nach und nach ihren Weg dorthin, wo sie alle ihre sonstigen Leidenschaften um die geliebte Botanik gruppieren konnte. Es gibt für sie nichts Schöneres, als mit einer Gruppe die geschichtsträchtigen Parks und Gärten Berlins und Brandenburgs zu erschließen oder auf einer Wiese Wiesengedichte vorzutragen oder im Wald Baumbetrachtungen anzustellen. Ihre Vorträge und Führungen lassen Alexander von Humboldts Orinokoreise mit deren Flora und Fauna wieder lebendig werden oder sie begleitet Goethe auf dessen botanische Exkursion nach Italien oder irrt mit Homers Odysseus durch die mediterrane Flora. Als erste in Deutschland machte sie in einem Museum Führungen zur Pflanzensymbolik Alter Meister und begeistert seit Jahrzehnten mit ihren botanisch-literarischen Veranstaltungen.

2015 erschien »Jungfer im Grünen und Tausendgüldenkraut. Über den Zauber alter Pflanzennamen«.

LESEN SIE WEITER:

»Es ist das klügste und poetischste unter den vielen Pflanzenbüchern die es derzeit gibt. Rosemarie Gebauer verblüfft und verzaubert mit ihren Geschichten, und immer wieder schüttet das Hirn vor Entzücken über neue Erkenntnisse Glückshormone bei der Lektüre aus.«

Annemarie Stoltenberg, Norddeutsscher Rundfunk

»Die Illustrationen, die alten Botanik-Büchern entnommen sind, runden das kleine Bändchen perfekt ab. Ein wunderschöner Blumengruß!«

Frankfurter Allgemeine Zeitung (Literaturkurier)

»Ich empfehle dieses Buch, weil es nicht nur große Freude macht, sondern auch als Geschenk bestens geeignet ist. Nehmen Sie es bei der nächsten Einladung als Gastgeschenk mit. Sie können sicher sein, bald wieder eingeladen zu werden!«

Christiane Fritsch-Weith, Buchhändlerin Bayerischer Platz, Berlin

144 Seiten, gebunden, durchgehend vierfarbig illustriert

ISBN 978 3 88747 329-7